■ 城市设计与微更新策略实践丛书

城市绿色公共空间更新策略

王思元　李运远
李瑞生　王　畅　◎ 著

**Renewal Strategy of
Urban Green
Public Space**

中国建筑工业出版社

前言 PREFACE

在城市的喧嚣与变迁中，城市更新如同一支神奇的力量，不断塑造和改变着我们的生活环境。大街小巷，熙熙攘攘的人群，高楼大厦，交织出一幅繁华的都市画卷。然而，城市是一个生命体，需要不断焕发活力，保持与时俱进。因此，城市更新成为推动城市发展的一项重要任务。

纵观国内外，城市更新已经成为各个城市发展的重要脉络。在国内，随着经济的高速发展，我们见证了一个个城市的快速崛起和更新。同时，我们也看到了一些城市更新中可能存在的问题和挑战。而国际上，许多城市通过创新的方式进行城市更新，塑造了独具特色的城市形象和绿色环境。

作为中国的首都，北京拥有独特的城市魅力和丰厚的历史底蕴。历经岁月沉淀下来的城市面貌与风格让北京成为引人入胜的旅游胜地。在城市更新方面，北京一直秉持着平衡保护和发展的原则，通过精心规划和政策引导，致力于提升城市的宜居性和可持续性。城市的更新政策不仅注重建筑与交通，也重视绿色公共空间的保护和更新，为市民创造了更加美好的生活环境。

正是在这样的背景下，我们有幸参与了北京市园林绿化局的一项重要课题，探索如何满足 2035 年城市更新要求，特别是关注北京市核心区的绿色公共空间更新。北京市核心区包括东城区和西城区两个行政区，总面积 92.5km²，它作为城市的文化、历史和经济中心，承载了丰富的文化遗产和重要的发展机遇。然而，随着时间的推移和城市化进程的加速，核心区的绿色空间面临着一些问题和痛点。一方面，管理部门之间的协同性不够，导致绿色公共空间的综合规划和管理存在困难；另一方面，一些评价标准相对陈旧，无法满足当代城市发展的需要。这些问题使得北京市核心区的绿色公共空间增值潜力受到限制，亟须寻求创新手段进行更新和改善。

因此，我们的研究目标是：如何以风景园林为核心，整合多学科的力量和资源，针对北京市核心区的特殊性，探索绿色公共空间的更新方法，进一步激发核心区的活力和吸引力，为居民提供更好的生活体验。我们相信，通过研究绿色公共空间的更新，不仅可以弥补短板，提升城市形象，还可以为类似的公共空间更新提供普适性的参考和借鉴。

本书分为四个部分，即引言；上篇：核心区绿色公共空间概述；中篇：核心区绿色公共空间更新；下篇：实施管控。引言旨在介绍本书的研究背景和意义，并简要说明本书的结构和内容安排；上篇和中篇是本书的主体内容，深入研究核心区绿色公共空间的分布、特点和痛点，提出绿色公共空间更新的方法和策略；最后，实施管控部分从项目实施的角度提出策略。

本书的读者对象包括政府决策者、城市规划师、建筑设计师、环境保护专家以及对城市更新感兴趣的人。然而，城市更新是一个持续发展的过程，我们深知在实施过程中可能会遇到各种情况和挑战。因此，我们希望本书不仅能够对读者提供一定的帮助和借鉴，也真诚地希望各位读者能够提出宝贵的意见和建议，共同推动城市更新事业的发展。

让我们一同致力于创造更美好、更宜居的城市环境，为子孙后代留下绿意盎然的城市风景。

目录 CONTENTS

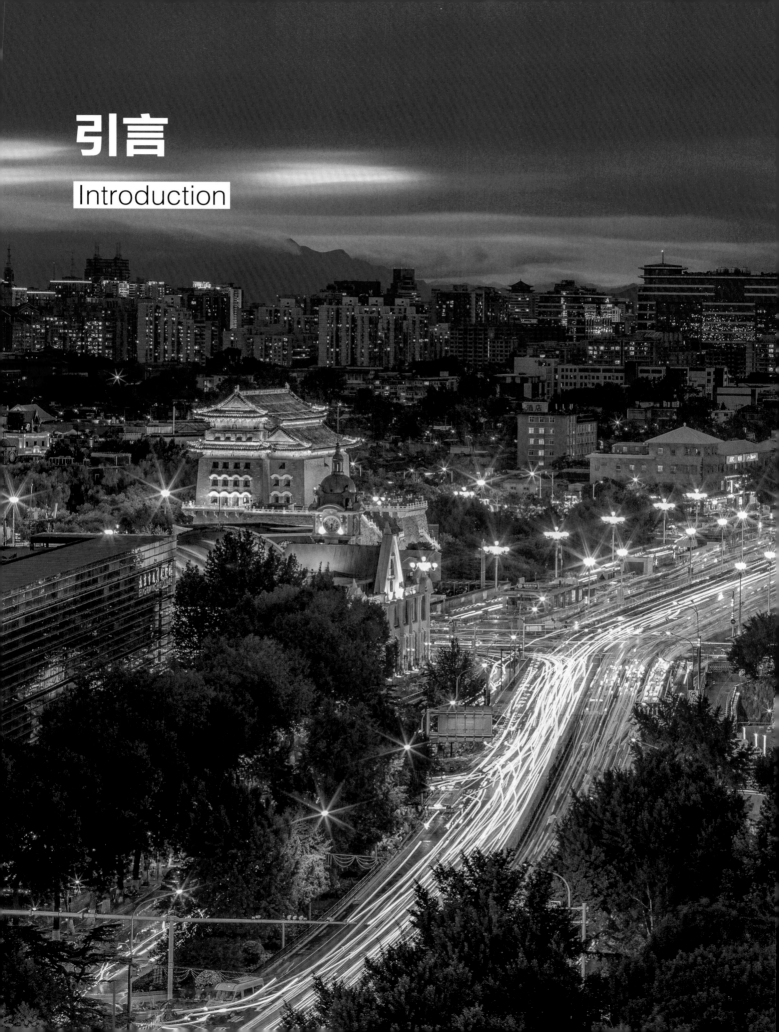

引言

Introduction

0.1 背景与意义
Background and Significance

为落实党中央、国务院有关批复和《北京城市总体规划（2016—2035 年）》，北京市人民政府组织编制的《首都功能核心区控制性详细规划（街区层面）（2018—2035 年）》成为东城区与西城区规划、建设、管理的基本依据，规划提出首都功能核心区的三大战略定位：全国政治中心、文化中心和国际交往中心的核心承载区，历史文化名城保护的重点地区，展示国家首都形象的重要窗口地区。核心区的公共空间是体现三大定位的重要载体之一，其空间质量直接影响国家首都形象展示、老城历史保护和服务民生的水平。

城市不会无限扩张，需要进行城市更新，它是城市的"新陈代谢"，是当今城市良性发展的主旋律。 核心区作为建成区、老城区，不能依赖过去增量发展的思路，需要建立围绕存量空间利用、减量更新的新发展模式。相关规划要求结合疏解腾退空间，增加公园绿地、小微绿地和公共型附属绿地等不同形式的绿色空间。这些政策和规划，为首都功能保障、老城整体保护、宜居城市建设创造条件，也为核心区腾退空间二次开发利用、公共空间更新带来了契机。

面对新的形势和要求，北京市核心区未来发展仍然面临不少挑战，尤其是市民对建设更多公共空间的需求越来越强烈，对提高公共空间服务品质的要求越来越强烈，北京市核心区公共空间建设必须确立统一的目标、原则和价值体系，建立适用于北京市核心区的建设技术指标，统筹全局，并针对近期实施中重点问题，指导核心区公共空间建设相关的设计与实施工作。本书在由北京市园林绿化局和北京林业大学合作完成的课题《城市更新进程中北京市园林绿化提升发展研究》支撑下，通过调研、分析，对城市绿色空间提出更新策略。

0.2　策略的应用
Application of Strategy

0.2.1　适用范围

本书适用的范围为：首都功能核心区的范围，包括东城区和西城区两个行政区，总面积 92.5km²。文物保护单位及特色街道，不在本书指引的范围内，需单独设计、重点管控。

0.2.2　基本概念

绿色空间

绿色空间指北京市核心区对公众开放的具有休憩、观光、健身、交往等户外公共活动功能的绿色公共空间，由各种开敞空间和绿色基础设施组成，包含公园、滨河绿地、城市森林公园、口袋公园、城市广场等市政型绿色公共空间；车站附属绿地、环岛绿地、分车绿化带、街道公共空间、桥下公共空间等交通型绿色公共空间；平房住宅区和社区附属类居住区型绿色公共空间以及传统商圈、老旧工厂及低效产业园等其他类型绿色公共空间。

慢行系统

慢行系统主要包含步行道、跑步道、骑行道三种类型，具备沿街观景、休闲健身、绿色出行、文化展示等功能。

步行道主要是指满足人们在核心区公共空间散步需要的连续通道，连通核心区的主要活动场地。

跑步道主要是指满足人们在核心区公共空间跑步、竞走等健身活动需要的连续通道，具有一定的宽度、坡度和标识要求。

骑行道主要是指满足人们在核心区公共空间开展休闲自行车活动需要的连续通道，可结合市政道路的非机动车道布置，具有一定的宽度、坡度和标识要求。除与市政道路结合外，骑行道禁止借助机动车道通行。

绿色基础设施

绿色基础设施是指一个相互联系的绿色空间网络，包括绿道、湿地、雨水花园、森林、乡土植被等，这些要素组成一个相互联系、有机统一的网络系统。该系统可为野生动物迁徙和生态过程提供起点和终点，系统自身可以自然地消纳暴雨积水，减少洪水的危害，改善水的质量，节约城市管理成本。

0.2.3　城市更新中风景园林的协同作用

城市更新行动，明确提出了建设宜居城市、绿色城市、韧性城市、智慧城市、人文城市的目标，在多专业融合解决城市更新问题、实现更新目标的过程中，风景园林专业的协同作用以解决城市发展的现实问题为核心展开。这些问题可以归结为 4 个方面：

（1）以妥善处理人地关系为专业出发点，对城市人文价值进行挖掘和延续。

（2）通过风景园林学途径，实现对区域生态功能的修复和完善，这是风景园林专业参与城市更新实践的核心和重点。

（3）以城市绿色空间为依托，对区域结构和功能进行重组及优化。

（4）通过对景观环境的系统营建，实现城市风貌的展现和提升。

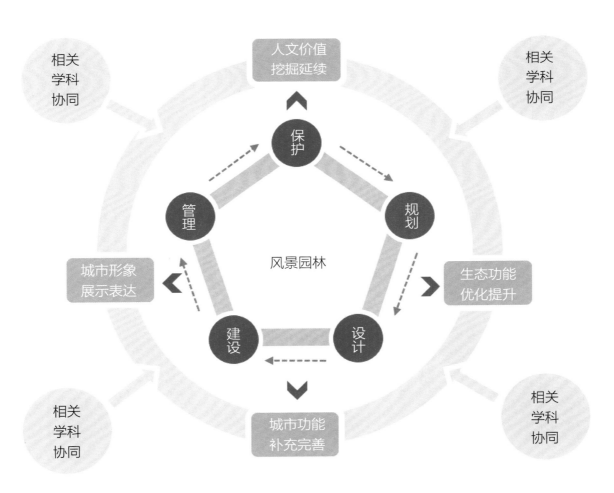

风景园林在城市更新中的协同作用

0.2.4　读者对象

本书的适用对象包括与北京市核心区公共空间建设相关的管理者、设计师、建设者和市民。管理者包括园林绿化、城市规划、市政交通、水务等政府部门管理人员与协作单位成员；设计师主要包括景观设计师、城市设计师、建筑师、道路工程师、水利工程设计师等。

0.2.5　应用阶段

优秀公共空间的塑造需要规划设计、建设与管理全过程的努力，本书主要用于指导 2021—2035 年依据控制性详细规划开展的北京市核心区公共空间建设项目设计工作。

0.3　与其他规范的关系
Relationship with Other Specifications

北京市核心区公共空间建设应符合国家、本市现行的规划、绿化、水务、交通等标准、规范的要求，并依据本书开展工作。

本书符合党中央、国务院有关批复、《北京城市总体规划（2016—2035 年）》和中共北京市委办公厅印发的《北京市城市更新行动计划（2021—2025 年）》等相关规划中的结合疏解腾退空间，增加公园绿地、小微绿地和公共型附属绿地等不同形式绿色空间的要求，符合首都核心区平房（院落）、老旧小区、危旧楼房和简易楼、传统商圈、低效产业园和老旧厂房、棚户区这六大更新场景中附属空间更新的要求，对首都功能核心区的公共空间更新起到指导作用。

相关指标如与规范标准不符并需要进行调整优化的，应经过专家论证并经主管部门批准通过后执行。

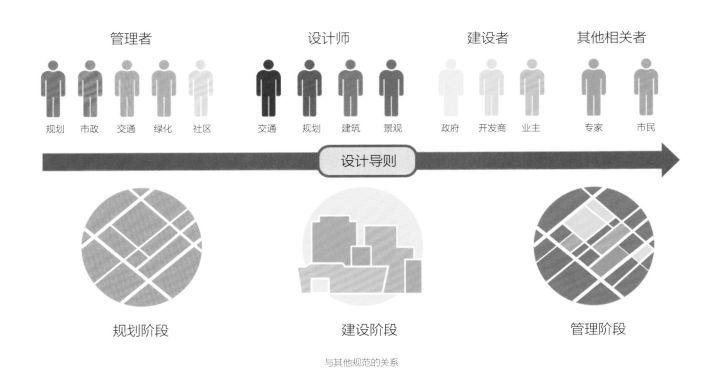

与其他规范的关系

0.4　用词说明
Wording Description

表示很严格，非这样做不可的：正面词采用"必须"；反面词采用"禁止""严禁"。

表示严格，在正常情况下均应这样做的：正面词采用"应"；反面词采用"不应""不得""避免"。

表示允许稍有选择，在条件许可时首先应这样做的：正面词采用"宜"；反面词采用"不宜"。

表示有选择，在一定条件下可以这样做的，采用"可"。

条文中指明应按其他有关标准执行的写法为："应按……执行"或"应符合……要求（或规定）"。

0.5　公共空间更新方法与使用说明
Instructions for the Use of Public Space Update Methods and Guidelines

第一步：查阅本书引言，明确本书的背景与意义、策略的应用与其他规范的关系、用词说明以及公共空间更新方法与使用说明。

第二步：查阅本书第 1 章，了解北京市核心区城市演进与绿地演变历史。

第三步：查阅本书第 2 章，了解北京市核心区公共空间类型、空间分布以及现状。

第四步：查阅本书第 3 章，明确公共空间更新内涵、目标和原则。

第五步：据第三步了解的公共空间类型，查阅第 4 ~ 8 章，将该公共空间现状问题与本书列出的正负面清单进行比对，并从书中查找相应优秀案例和更新原则与对策，进行公共空间更新方案设计，完善公共空间布局方式和使用体验。

第六步：参照本书第 9 章的实施策略，以多元互动协作的方式对公共空间进行更新改造。

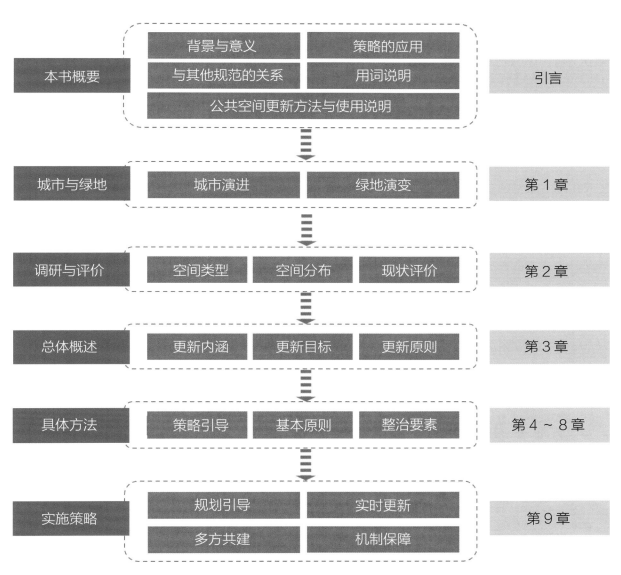

本书概要	背景与意义 / 策略的应用 / 与其他规范的关系 / 用词说明 / 公共空间更新方法与使用说明	引言
城市与绿地	城市演进 / 绿地演变	第1章
调研与评价	空间类型 / 空间分布 / 现状评价	第2章
总体概述	更新内涵 / 更新目标 / 更新原则	第3章
具体方法	策略引导 / 基本原则 / 整治要素	第4~8章
实施策略	规划引导 / 实时更新 / 多方共建 / 机制保障	第9章

公共空间更新方法与本书使用说明

上篇

核心区绿色
公共空间概述

Overview of Green Public Space
in the Core Area

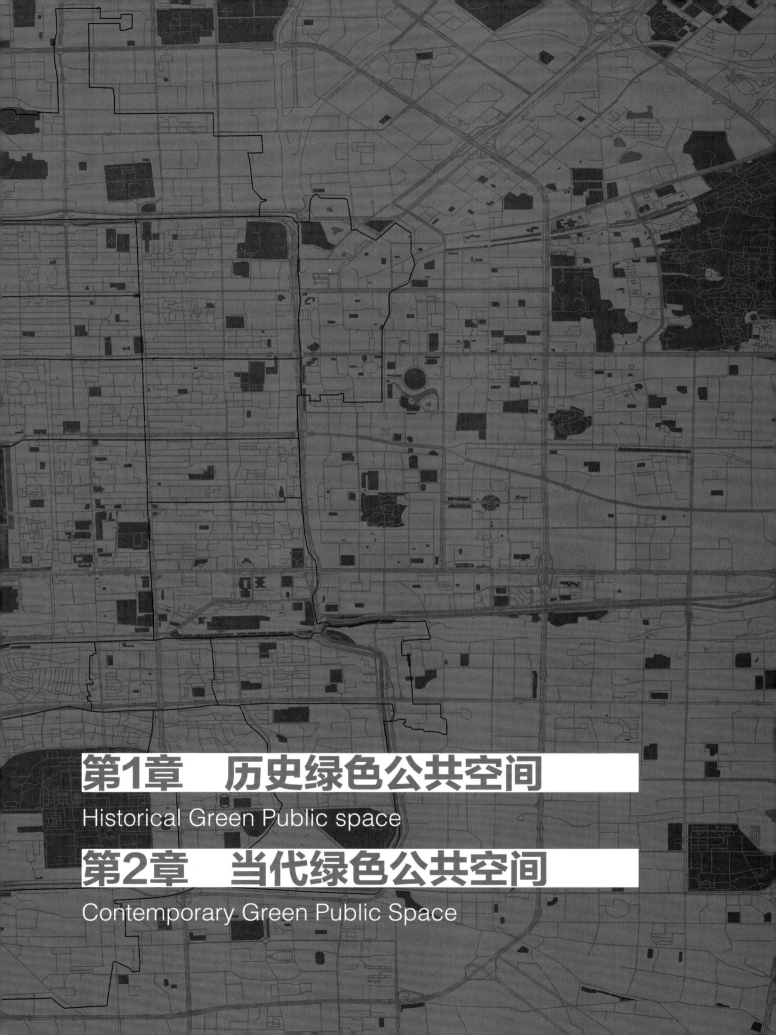

第1章　历史绿色公共空间
Historical Green Public space

第2章　当代绿色公共空间
Contemporary Green Public Space

第1章
历史绿色公共空间
Historical Green Public Space

1.1　城市演进
Urban Evolution

北京市核心区城市发展历史沿革

蓟：北京的原始聚落

西周初年，周王朝在今北京地区
分封了燕与蓟，蓟也就是北京最
早见于文字记载的名称，北京地
区城市发展的历史由此开始。

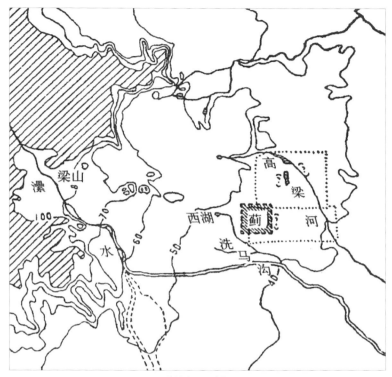

蓟城水系示意图

中都城：北京开始作为正式国都

公元 1153 年，金代的海陵王完
颜亮迁都燕京，更名为"中都"，
并仿汉制扩建中都城。金朝中都
城是在蓟城的旧址上发展起来
的，最后成为最大的一个大城。

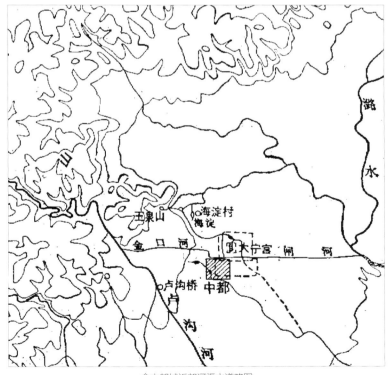

金中都城近郊河渠水道略图

元大都的营造

元大都城市设计主要取法于《周礼·考工记》中营建国都的理想设计，城市基本由合院组合而成，胡同体系形成于此，为今日北京城奠定了基本格局。

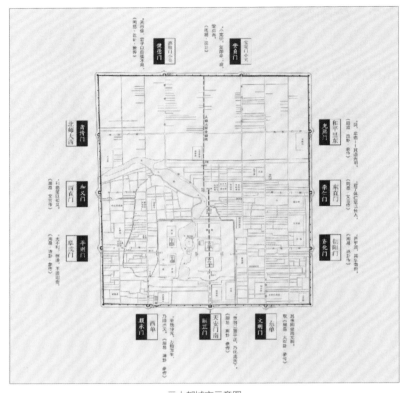

元大都城市示意图

明清北京城的继承

历史上北京城的建设到此基本完成。清朝完全继承了明朝的北京城作为都城，这就是完整地保留到 1949 年新中国成立前夕的北京城，现在我们叫它北京旧城。

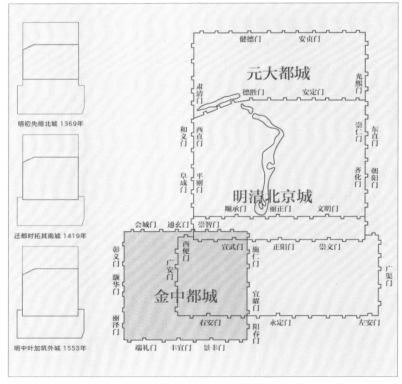

从金中都到明清北京城的城址变迁

1.2 绿地演变
Green Space Evolution

1.2.1 北京市核心区城市肌理发展

北京有着 3000 多年的建城史和 800 多年的建都史，外城包围内城、逐级递进的环状格局延续至今，并逐步形成了棋盘式道路骨架格局、"四合院－胡同"等独特的空间形态。

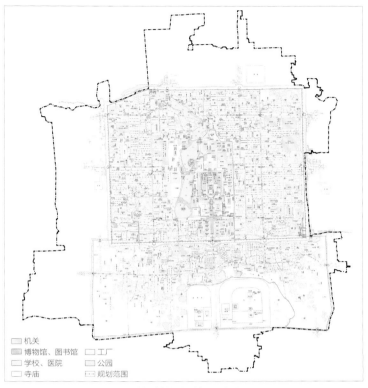

明北京城及城外关厢地区示意图

20 世纪初，西方入侵带来了西洋建筑和传统风格的文化碰撞，北京开启了城市近代化建设的起点。新中国成立后，尤其是改革开放以来，北京城市建设快速发展，城市规模迅速扩张，现代化住宅区、承担金融和科技等功能的现代建筑的建设等使得北京旧城的城市肌理逐渐变化，北京成为既现代多元，又饱含历史的国际化都市。

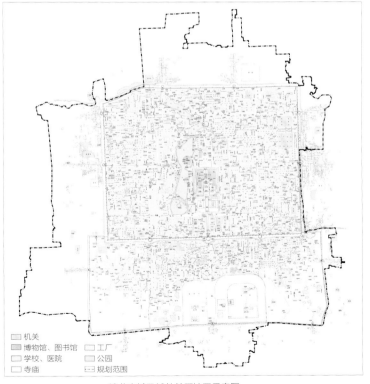

清北京城及城外关厢地区示意图

北京的城市肌理恢宏、规整、大气，同时又不失细腻，"两轴、一城、一环"的空间结构、30000 余个传统院落和胡同、古迹，共同构成了核心区的壮美空间秩序和老城形象气质。

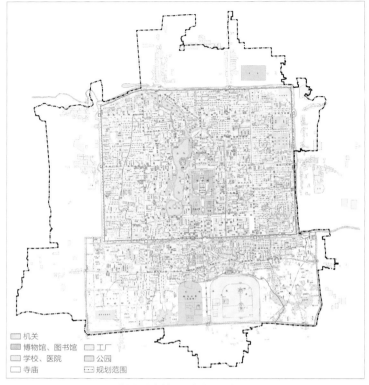

20 世纪初期老城及周边地区示意图

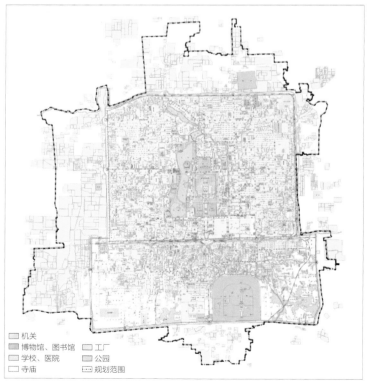

20 世纪 50 年代老城及周边地区示意图

1.2.2　首都规划发展

新中国成立以来，首都规划工作大致经历了四个阶段：

第一阶段：1949—1953 年，是首都城市总体规划初步形成阶段，这一时期的总体规划是国外经验和北京具体情况结合的产物；

第二阶段：1954—1989 年，是北京城市总体规划经历反复、日趋完善的阶段；

第三阶段：1990—1999 年，是首都规划工作的快速发展阶段；

第四阶段：2000 年至今，首都规划对生态环境保护和城市公共设施的建设提出了更高的标准，如今的北京正日渐成为一座绿色生态之城。

1.2.3　核心区城市战略定位

核心区是全国政治中心、文化中心和国际交往中心的核心承载区。

核心区是历史文化名城保护的重点地区。

核心区是展示国家首都形象的重要窗口地区。

故宫鸟瞰图

1.2.4 北京市及首都核心区绿地规划

《北京城市总体规划（2016—2035 年）》提出中心城的绿地系统结构为"两轴、三环、十楔、多园"，即青山相拥，三环环绕，十字绿轴，十条楔形绿地穿插，公园绿地星罗棋布，由绿色通道串联成点、线、面相结合的绿地系统。

《首都功能核心区控制性详细规划（2018—2035 年）》提出：核心区应构建文脉清晰、全民共享的绿色空间体系。强化依托两轴、二环路、坛庙、水系形成的绿色空间格局，提升完善林荫路、林荫景观街、林荫漫步道三级林荫街巷，提高各级公园绿地、小微绿地、附属绿地规模和品质。

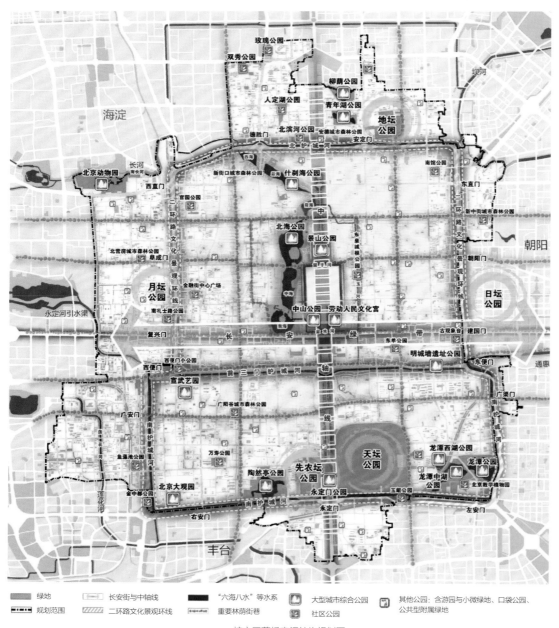

核心区蓝绿空间结构规划图

第2章
当代绿色公共空间
Contemporary Green Public Space

2.1 空间类型
Space Type

2.1.1 市政型绿色公共空间

市政型绿色公共空间是城市公共服务产品的供给、生态宜居环境营造的重要区域，亦是涉及城市空间更新与产业转型、生态环境与品牌文化的示范性载体，对城市居民生活品质提升具有重要意义。

公园绿地

公园绿地是城市中向公众开放的，以游憩为主要功能，具有一定的游憩设施和服务设施，同时兼有生态维护、环境美化、减灾避难等综合作用的绿化用地。

公园绿地分类表

类型	定义
综合公园	内容丰富，适合开展各类户外活动，具有完善的游憩设施和配套管理服务设施的绿地，规模宜大于 10hm²
社区公园	居住区内居民就近开展日常生活休闲活动服务的绿地，按服务半径可被分为 15min 生活圈居住区、10min 生活圈居住区及 5min 生活圈居住区
专类园	具有特定内容或形式，有相应的游憩设施和服务设施的绿地
游园	用地独立规模较小或者形式多样，方便居民就近进入，具有一定游憩功能的绿地，带状游园的宽度宜大于 12m

综合公园

北京柳荫公园

北京青年湖公园

北京龙潭中湖公园

北京宣武艺园

社区公园

北京东单公园

北京东四奥林匹克社区公园

北京二十四节气公园

北京翠芳园

专类园

北京什刹海儿童乐园

北京明城墙遗址公园

北京动物园

北京建国门健身乐园

游园

北京东四法治公园

北京军民共建护城河休闲公园

滨河绿地

滨河绿地是城市带状公园的一种，是位于河道两岸的线性公共开放空间，具有展示城市景观形象、观光游憩、防洪排涝等多方面的功能。

北京南二环护城河滨河绿地

北京北二环护城河滨河绿地

北京玉蜓公园

北京荷香园

城市森林公园

城市森林公园是位于城市或城郊范围内，具有一定面积，以森林植物景观为主体，为城市居民提供以自然景观为特色的休闲、娱乐、健身、游览、生态体验等活动的城市公共园林。

北京安德城市森林公园

北京逸清城市森林公园

口袋公园

口袋公园是贴近居民日常生活的小微绿色空间，是切实解决市民"最后一公里"问题的重要空间，尺度通常在 $100 \sim 200m^2$，可结合街角、建筑退让、绿地形态转折等布置，包括利用零散用地增补的社区绿地与街头公园等。

口袋公园分类表

类型	定义
代征型口袋公园	由绿化代征地改建而成的口袋公园
改造型口袋公园	居住区内居民就近开展日常生活休闲活动的绿地
提升型口袋公园	具有特定内容或形式，有相应的游憩设施和服务设施的绿地

代征型口袋公园

北京同仁医院口袋公园

北京校尉胡同口袋公园

改造型口袋公园

北京蜡烛园

北京月亮湾公园

提升型口袋公园

北京东四块玉社区健身公园

北京南沙沟小区口袋公园

城市广场

以游憩、纪念、集会和避险等功能为主的城市公共活动场地，面积在 200 ~ 1000m²。

城市广场分类表

类型	定义
市民广场	在城市区域开辟为市民提供休闲娱乐的公共空间与活动场所，一般具有休闲、集会、体现城市风貌等功能
纪念广场	用于纪念、缅怀、某件事情或某个任务而设计的广场空间，邻近重要人物、事件发生地
商业广场	位于商业集中地或中心区，以室内外结合的形式将室内商场与露天或半露天的街道结合，满足人们购物之余休闲、餐饮和集散的需要
休闲及娱乐广场	作为户外活动空间的重要组成部分，提供休息、演出、娱乐活动的场所（主要集中在社区居住区的附近）

商业广场

北京银河 SOHO 广场

北京东单前广场

休闲及娱乐广场

北京和平里兴化社区文化广场

北京金隅天坛广场

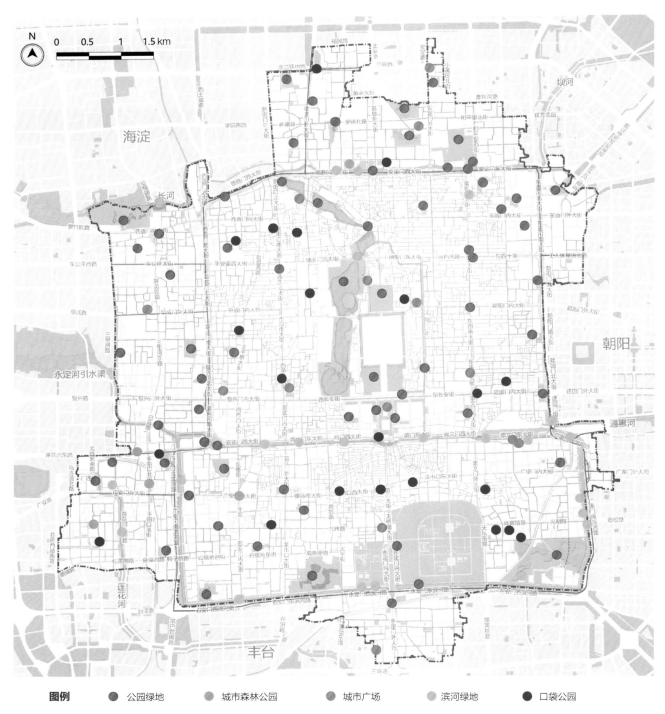

图例 ● 公园绿地 ● 城市森林公园 ● 城市广场 ● 滨河绿地 ● 口袋公园

市政型绿色公共空间分布示意图

市政型绿色公共空间

类型	代表			
公园绿地	综合公园	社区公园	专类园	游园
	柳荫公园、人定湖公园、永定门公园等	三里河公园、广宁公园、翠芳园等	学雷锋志愿服务主题公园、建国门健身乐园、安定门健身乐园等	护城河休闲公园、北二环城市公园、德胜公园等
滨河绿地	景山前街滨河绿地、西海沿岸滨水绿地、北滨河公园、玉蜓公园等			
城市森林公园	安德城市森林公园、CBD 城市森林公园、常乐坊森林公园、新街口森林公园等			
口袋公园	代征型口袋公园	改造型口袋公园	提升型口袋公园	
	香河口袋公园、北草厂口袋公园等	同仁医院口袋公园、磁器口口袋公园等	幸福大街口袋公园、大栅栏口袋公园等	
城市广场	市民广场	纪念广场	商业广场	休闲及娱乐广场
	天桥市民广场	天安门广场	东单前广场、王府井世纪广场、银河 SOHO 广场等	雨来散文化广场、椿树文化广场、老来乐文化广场等

2.1.2　交通型绿色公共空间

交通型绿色公共空间是城市绿地系统中的重要组成部分，是以交通为载体的公共空间。交通型绿色公共空间既包括综合交通枢纽绿地、交通绿地环岛、分车绿化带、桥下公共空间等，也包括道路向两侧延伸到建筑等的街道公共空间。盘活场地的废弃空间，重新组合设计，将其转换为服务于居民日常生活的空间载体。

综合交通枢纽绿地

综合交通枢纽绿地就是指多种交通运输方式交汇点（如机场、火车站等）的附属绿地。

北京北站

北京站

交通绿地环岛

交通绿地环岛是指对道路交叉口范围内的岛屿状构造物进行绿化的空间。

交通绿地环岛分类表

类型	定义
可进入式交通岛	若交通绿岛面积很大，在不影响交通安全的前提下设计成可供行人进入的街旁游园形式
不可进入式交通岛	位于道路交叉口的重要位置，人流、车流量大，人不可进入，主要用于引导交通

北京安定门西大街绿岛

北京南二环交通环岛

分车绿化带

分车绿化带是指在车行道分隔带上营建的绿化带。分车绿化带起着疏导交通和安全隔离的作用，同时还可阻挡相向行驶车辆的眩光。

分车绿化带分类表

类型	定义
快速路分车绿化带	分隔城市快速路的绿化带，一般包括两侧行道树分车绿化带、中央分车绿化带。中央分车绿化带宜配置枝叶茂密的植物以阻挡相向行驶车辆的眩光
主干道分车绿化带	分隔城市主干道的绿化带，一般指两侧行道树绿化带。以行道树为主，并宜配置乔木、灌木、地被植物相结合，形成连续绿化带
次干道分车绿化带	分隔城市次干道的绿化带，一般指两侧行道树绿化带。以种植乔木为主
支路分车绿化带	城市支路两侧的绿化带，一般以路侧绿化带为主

街道绿色公共空间

街道绿色公共空间是一种基本的城市线性开放空间，是由道路两旁建筑围合形成的公共空间，主要承载着交通、景观、交往等功能。

街道公共空间分类表

类型	定义
交通主导类	以非开放界面为主，交通功能较强的街道，主要包括快速路主路、主干路等解决较长距离交通联系的城市干道
生活服务类	交通流量不大、沿线布局餐饮、零售、美发等业态，服务于本地居民日常生活的街道
综合服务类	沿线布局大型商业综合体、文化体育设施等，具有一定服务业态特色的街道
静稳通过类	非交通主导的通过型街道，往往具备一定交通联系功能，且街道两侧界面开放度较低
特色类	历史文化街区及其他特色景观地区的街巷胡同和休闲步道，应优先满足风貌保护和景观塑造的要求

分车绿化带

北京西二环

北京金宝街

北京雍和宫大街

街道公共空间

北京西单北大街

北京广安门外大街

北京国子监街

桥下公共空间

桥下公共空间是指城市高架桥或人行立交桥面在下方垂直投影区域的空间，是城市空间的一种特殊形式，其范围没有明确的界限，有多功能复合属性。

桥下公共空间分类表

类型	定义
高架桥下公共空间	城市高架桥桥面在下方垂直投影区域的空间，国内对其利用形式以绿化、停车为主
人行天桥公共空间	位于人行天桥及桥下的公共空间，是城市公共空间的重要组成部分，一般以桥面绿化和桥下立体绿化为主

交通型公共空间分类表

类型	代表			
综合交通枢纽绿地	北京站、北京西站			
交通绿地环岛	南二环绿岛、天宁寺桥区绿岛、香河园西街绿岛、安定门西大街绿岛、东直门南大街绿岛等			
分车绿化带	快速路	主干道	次干道	支路
	阜成门北大街、东二环、南二环、西直门南大街、朝阳门大街等	车公庄大街、东四十条、广渠门内大街、雍和宫大街、东单北大街等	天坛路、台基厂大街、金鱼池西街、北沿河大街、东直门北中街等	兴化路、辟才胡同、盆儿胡同、白纸坊东街、北京站西街等

类型	交通主导类	综合服务类	生活服务类	静稳通过类	特色类
街道绿色公共空间	复兴门南大街、阜成门南大街、德胜门东大街、安定门西大街、东直门北大街等	雍和宫大街、崇文门外大街、地安门西大街、朝阳门内大街、东直门内大街等	南桥湾街、南礼士路、西四南大街、东四南大街、东直门南小街等	民安街、北长街、府右街、北池子大街、东珠市口北路等	煤市街、南锣鼓巷、报房胡同、宫门口三条、东四十三条等

类型	高架桥下公共空间	人行天桥公共空间	
桥下公共空间	安定门外大街（安贞桥）、樱花园西街（和平桥）、宣武门西大街辅路（便门桥）、建国门内大街（建国门桥）、东二环（广渠门桥）、复兴门南大街（西便门桥）等	西单大天桥、健宫医院天桥、广渠门内大街人行天桥（北京汇文中学北）、蒋宅口天桥、朝阳门南小街北口天桥、西二环人行天桥（南礼士路公园东门）等	

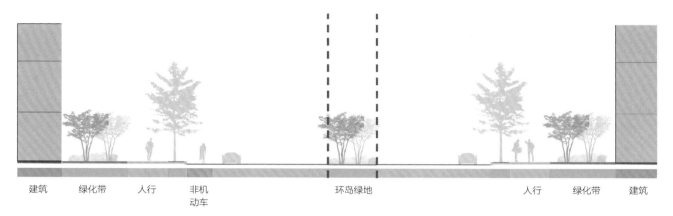

建筑　　　绿化带　　　人行　　　非机　　　　　　　　　　环岛绿地　　　　　　　　　　人行　　　绿化带　　建筑
　　　　　　　　　　　　　　　　动车

交通绿地环岛剖面示意图

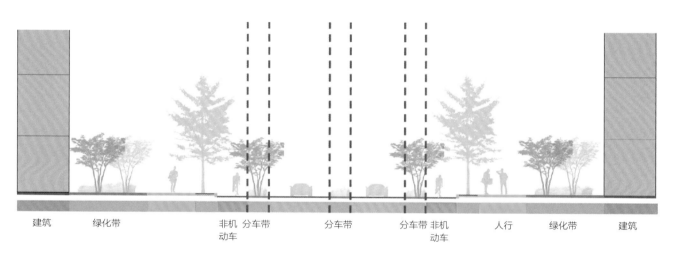

建筑　　　　绿化带　　　　　　　非机　分车带　　　分车带　　　分车带　非机　　　人行　　　绿化带　　　建筑
　　　　　　　　　　　　　　　　动车　　　　　　　　　　　　　　　　　动车

分车绿化带剖面示意图

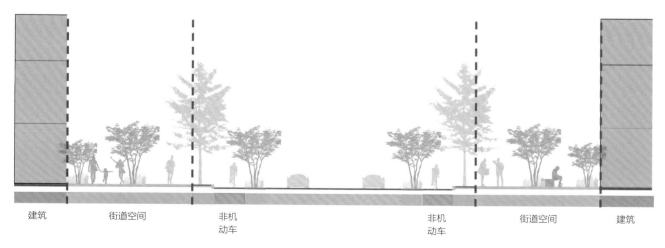

建筑　　　　街道空间　　　　　非机　　　　　　　　　　　非机　　　　　街道空间　　　　建筑
　　　　　　　　　　　　　　动车　　　　　　　　　　　动车

街道绿色公共空间剖面示意图

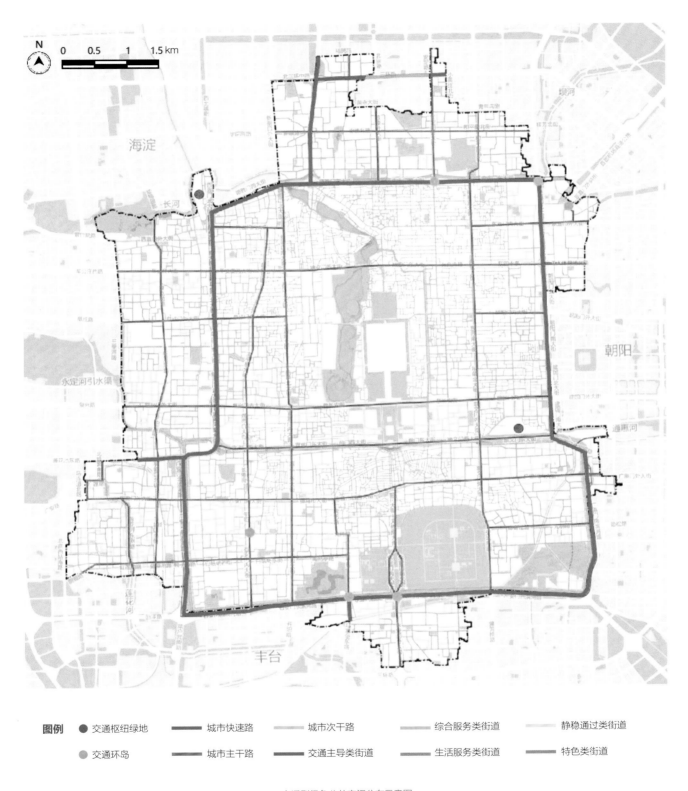

图例　● 交通枢纽绿地　━━ 城市快速路　━━ 城市次干路　━━ 综合服务类街道　━━ 静稳通过类街道
　　　● 交通环岛　━━ 城市主干路　━━ 交通主导类街道　━━ 生活服务类街道　━━ 特色类街道

交通型绿色公共空间分布示意图

2.1.3 居住区型绿色公共空间

居住区型绿色公共空间指住宅小区、居民住宅房前屋后等居住用地范围内，除住宅建筑、公共设施、步行及车行道路外能为居民提供游憩环境的活动场地。

平房住宅公共空间

平房住宅公共空间指的是附属于四合院或屋顶为平顶的一、二层建筑的公共空间，供居民休闲游憩、进行户外活动的场地。

平房住宅公共空间分类表

类型	定义
传统合院内部公共空间	传统合院指以传统建筑围合成的院落，其建筑主体建成于新中国成立之前，一般呈传统的四合院或三合院形式。传统合院附属绿地指传统合院内通过植物栽培、空间布局等方式，人工营造的舒适宜人的绿地
胡同公共空间	连接多个建筑并通向每个居民区内部的狭窄小道两侧的公共空间
平房院落公共空间	新中国成立后建成的，以平屋顶为主的一、二层建筑围合成院落的公共空间

社区附属公共空间

社区附属公共空间指住宅小区范围内的公共绿地。

社区附属公共空间分类表

类型	定义
新建小区公共空间	建设于1998年以后的商品住宅内的公共绿地
老旧小区公共空间	建设年代久远，至今仍用于居住，但建设标准不高，配套功能不全，无法满足人们正常或较高需求的社区内的公共空间

传统合院内部空间

北京培育胡同 16 号院

北京炭儿胡同 10 号院

胡同立体绿化

北京大耳胡同

北京方家胡同 46 号院

胡同公共空间

北京草厂八条

北京后海大金丝胡同 4 号

平房院落公共空间

北京东四大街平房

北京王府井片区平房

新建小区公共空间

北京梵悦万国府

北京新景家园

老旧小区公共空间

北京新居东里小区

北京北新桥街道民安小区

图例　　▨ 平房住宅公共空间　　▨ 社区附属公共空间

居住区型绿色公共空间分布示意图

2.1.4　其他类型绿色公共空间

其他类型绿色公共空间包括附属于商业或工厂、科技用地内的公共空间，能够为居民休闲、生活提供户外游憩场所。

传统商业附属绿地

传统商业附属绿地是指商业服务设施用地内的绿地。

老旧工厂及产业园附属绿地

老旧工厂及产业园附属绿地是指原身为老旧工厂或产业园，经过更新改造后的工业厂区的附属绿地 。

传统商业附属绿地

北京西单更新场

北京金融街购物广场

老旧工厂及产业园附属绿地

北京天宁一号文化创新科技园

北京隆福文创园

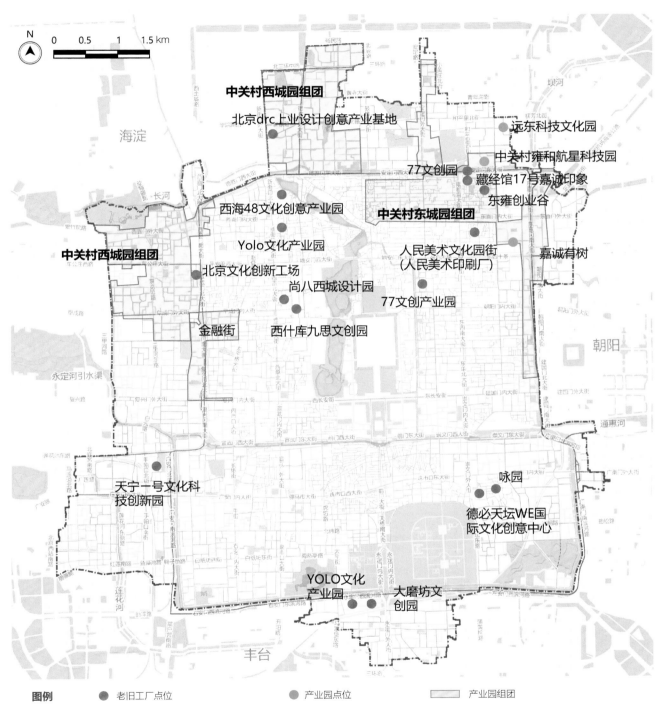

其他类型绿色公共空间分布示意图

2.2 空间分布
Space Distribution

2.2.1 总体空间分布

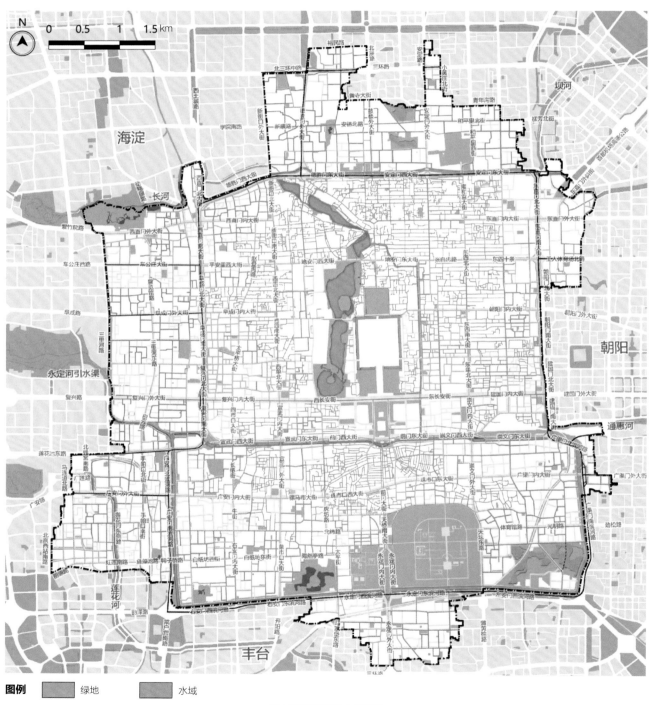

图例　绿地　水域

核心区蓝绿空间分布示意图

绿色公共空间分类表

一级分类	二级分类	三级分类
市政型绿色公共空间	公园	综合公园
		社区公园
		专类园
		游园
	滨河绿地	
	城市森林公园	
	口袋公园	
	城市广场	
交通型绿色公共空间	综合交通枢纽绿地	
	交通绿地环岛	
	分车绿化带	快速路分车绿化带
		主干路分车绿化带
		次干路分车绿化带
		支路分车绿化带
	街道公共空间	交通主导类
		综合服务类
		生活服务类
		静稳通过类
		特色类
	桥下公共空间	高架桥下公共空间
		人行天桥公共空间
居住区型绿色公共空间	平房住宅公共空间	传统合院内部公共空间
		胡同公共空间
		平房院落公共空间
	社区附属公共空间	新建小区公共空间
		老旧小区公共空间
其他类型绿色公共空间	传统商圈附属绿地	
	老旧工厂及产业园附属绿地	

2.2.2 典型空间肌理

本书选取中轴对称的紫禁城片区、传统城市与山林水网密切结合的什刹海片区、城市与新建公园融揉的和平里街道片区以及传统与现代商业结合的西直门片区这 4 个北京市核心区典型空间肌理进行分析，从这些典型片区中提取出核心区绿色空间的 4 个类别，分别为市政型绿色公共空间、交通型绿色公共空间、居住区型绿色公共空间以及其他类型绿色公共空间。

紫禁城片区

紫禁城注重中轴线组织城市空间布局，巧妙地利用天然地理条件，把河湖水系与城市中心有机地组织在一起，形成严整而不呆板的城市格局。

什刹海片区

中国传统城市是与山林水网密切结合的，六海与中轴线、街道空间与山水空间相互渗透，形成山水交融的城市肌理。

紫禁城片区绿色空间示意图

什刹海片区绿色空间示意图

新建公园片区——和平里街道片区

在保持旧城棋盘式道路系统的基础上新建公园，既保持了整齐开阔的城市布局，又增添了活泼的绿地斑块。

西直门片区

为传统街区注入新的活力，西直门片区经过多年发展，已经融合商业、高端公寓等形成灵活多变的城市肌理。

新建公园片区—和平里街道片区绿色空间示意图

西直门片区绿色空间示意图

2.3　现状宏观评价
Macro Evaluation of Current Situation

2.3.1　景观连接度评价

景观连接度是用于反映景观结构组成和空间布局的一些特征的量化指数模型，可以用来分析并优化城市绿地生态网络结构，选择连接度重要性指数来分析并优化核心区绿色空间结构。

数据来源与处理

绿色空间数据：基于最大似然法，运用 ArcGis 软件解译 Landsat-8 OLI 图像（2020 年 8 月，15m 分辨率），获取绿色空间信息。

行政街道数据：核心区边界和行政街道划分的矢量数据来源于国家地球系统科学数据中心。

研究方法

根据文献设置绿色空间连接阈值为 1000m，运用 ArcGis 插件 Conefor Sensinode 计算连接度重要指数（dPC）和连接距离，表征绿色空间的连接度潜力。

$$PC = \frac{\sum_{z=1}^{n} \sum_{x=1}^{n} a_z \cdot a_x \cdot P_{ij}^*}{A_L^2} \tag{2-1}$$

式（2-1）中，P_{ij}^* 为物种在斑块 z 与 x 之间扩散的最大可能性。PC 取值范围在 0 ~ 1 之间，当数值越接近 1 时说明两个斑块之间可能连接的概率越高。

$$dPC_i = 100 \times \frac{PC - PC_{i-remove}}{PC} \tag{2-2}$$

式（2-2）中，dPC_i 表示整个某一个斑块、节点、路径对研究区域整体的贡献程度，也是自身连接度的重要程度。

结果与分析

核心区绿色空间连接度分为高、中、低 3 个等级，其中序号 1 ~ 3 为低连接度区域，分别为新街口、什刹海与西长安街街道交界区域；椿树街道、大栅栏和天桥街道交界区域；和平里街道中部。序号 4 ~ 10 为中连接度区域，分别为景山、东四与朝阳门街道交界区域；安定门与交道口街道交界区域；建国门街道南部；陶然亭与白纸坊街道交界处；体育馆街道中部及北部；西长安街西部；广安门内街道东北部。其余区域连接度较高。

综上可知，绿色空间面积越大，连接潜力越大。但是面积较小的绿色空间倾向于呈聚集分布，形成高连接度区域。低连接度区域中几乎没有绿色空间，因此急需增加小型绿色空间和大型绿色空间。中连接度区域的周边有较大绿色空间，但内部缺少小型绿色空间分布，需要适当增加小型绿色空间。

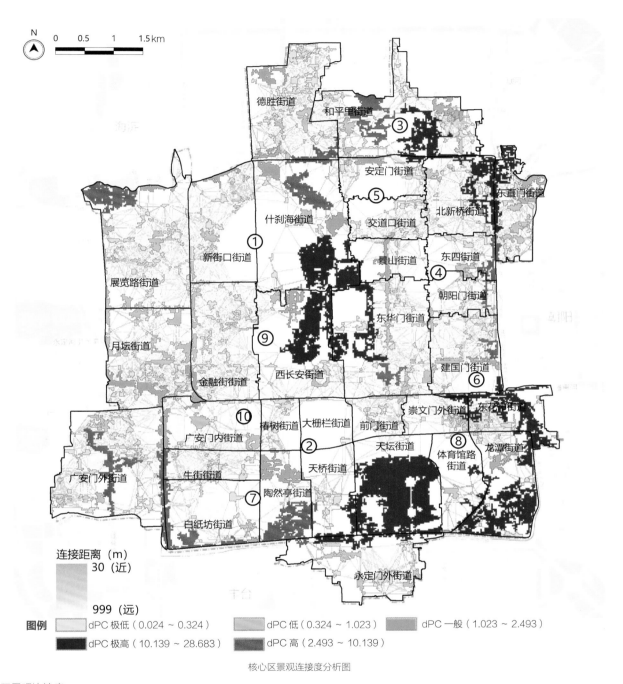

连接距离（m）
30（近）

999（远）

图例　▢ dPC 极低（0.024～0.324）　▢ dPC 低（0.324～1.023）　▢ dPC 一般（1.023～2.493）

■ dPC 极高（10.139～28.683）　■ dPC 高（2.493～10.139）

核心区景观连接度分析图

核心区景观连接度

连接度分级	序号	风险地区
低	①～③	新街口、什刹海与西长安街街道交界区域；椿树街道、大栅栏和天桥街道交界区域；和平里街道中部
中	④～⑩	景山、东四与朝阳门街道交界区域；安定门与交道口街道交界区域；建国门街道南部；陶然亭与白纸坊街道交界处；体育馆街道中部及北部；西长安街西部；广安门内街道东北部
高	—	其他区域

2.3.2　游憩服务——可达性评价

可达性指从空间任意一点到达目的地的难易程度，反映了人们到达目的地过程中所克服的空间阻力（spatial resistance）大小，通常用距离、时间和费用等指标来衡量。本书选择 Ga2SFCA 方法度量城市公园绿地的空间可达性，采用高斯函数作为 2SFCA 搜寻半径内的距离衰减函数的一种方法，体现出不同区域到达公共服务设施的空间差异性，同时，由于采用高斯函数作为距离衰减函数，其可达性随距离衰减速度呈 "S" 形衰减，在较近和较远的阶段较慢，中间部分较快，更加符合城市居民使用公园绿地的实际习惯。

数据来源与处理

路网数据：通过 QGIS 软件爬取 Open Street Map 开放街道地图数据。经过数据整理，得到支持步行、跑步与骑行 3 种交通方式道路的矢量数据。以线要素形式的道路矢量数据为连接，以点状要素的道路交叉口为节点，并设置红绿灯等待时间的阻力值为 30s。选取步行的平均速度分别为 5km/h，并根据道路几何长度计算出相应的时间阻力值，构建网络数据集。设置 5、10、15、30、45 和 60min 作为可达性的时间阈值标准。

公园数据：基于《城市绿地分类标准》CJJ/T 85—2017 与《北京市公园分类分级管理办法》，具体选取核心区内 14 座综合公园、40 座社区公园与 147 座游园。

行政街道数据：核心区边界和行政街道划分的矢量数据来源于国家地球系统科学数据中心。

人口数据：以住宅单位为研究对象，并使用 Python 抓取位于北京核心地区的点信息。

研究方法——高斯两步移动搜索法

本书利用高斯两步移动搜索法，以公园绿地作为供给地，居住小区作为需求地，第 1 步计算公园绿地的供需比，第 2 步计算居住小区的可达性。具体计算步骤为：

第 1 步：取每个公园绿地 j 的出入口作为出发点，给定搜索距离 d_0，计算小于该距离的每个居住小区 i 的居民人数，利用高斯方程赋予权重并将其累加，得到公园绿地 j 的潜在需求者数，再用公园绿地 j 的面积除以其潜在需求者即居民总数，计算得到供需比：

$$R_j = \frac{S_j}{\sum_{i \in \{d_{ij} \le d_0\}}^{k} D_i \times G(d_{ij})} \qquad (2\text{-}3)$$

式（2-3）中，供需比 R_j 为潜在人均公园绿地面积（m^2/人）；i 为居住小区；j 为公园绿地；S_j 为公园绿地的服务能力，用公园绿地面积表示（m^2）；D_i 为居住小区的规模，用居住小区的人口数表达（人）；k 为搜索半径内居住小区的数量；d_{ij} 为居住小区 i 与公园绿地 j 间的距离，采用通行时间表示（min）；d_0 为搜索半径（m）；G 为距离衰减函数，采用高斯方程计算得到：

$$G(d_{ij}) = \begin{cases} \dfrac{e^{-\frac{1}{2} \times \left(\frac{d_{ij}}{d_0}\right)^2} - e^{-\frac{1}{2}}}{1 - e^{-\frac{1}{2}}}, & d_{ij} \le d_0 \\ 0, & d_{ij} > d_0 \end{cases} \qquad (2\text{-}4)$$

第 2 步：对每一个居住小区 i，给定搜索距离 d_0，将小于 d_0 的公园绿地 j 的供需比 R_j 利用高斯方程赋予权重，然后将加权后的比率进行加和，得到居住小区 i 的空间可达性：

$$A_i = \sum_{i \in \{d_{ij} \leqslant d_0\}}^{m} R_j \times G(d_{ij}) \qquad (2\text{-}5)$$

式（2-5）中，A_i 为每个居住小区的可达性值；m 为落入以 i 为圆心、半径小于搜索距离 d_0 区域内的公园绿地的数量。

结果与分析

核心区绿色空间可达性分为好、良、中、差 4 个等级，其中步行时间小于 15min 的是可达性好的街道，包括德胜街道、和平里街道、东直门街道、天坛街道、前门街道、东华门街道、金融街街道、天桥街道、陶然亭街道、椿树街道、白纸坊街道、牛街街道、广安门内街道。

步行时间大于 30min 的交道口街道、东四街道、朝阳门街道、景山街道、什刹海街道的公园主要是历史名园，是收费性公园，本次分析主要聚焦于免费向公众开放的绿地，故以上街道的绿地可达性较弱。由于以上街道都属于历史街道，在存量发展的时代背景下，大拆大建的可能性很弱，建议增加游园的方式，增加小微绿地的数量，从而提升以上街道的绿地可达性。

核心区步行可达性分级表

可达性分级	行政区	风险地区
好 步行时间 <15min	东城	德胜街道；和平里街道；东直门街道；天坛街道；前门街道；东华门街道
	西城	金融街街道；天桥街道；陶然亭街道；椿树街道；白纸坊街道；牛街街道；广安门内街道
良 步行时间 15~30min	东城	建国门街道；东花市街道；龙潭街道；永定门外街道；崇文门外街道
	西城	大栅栏街道；新街口街道；月坛街道；广安门外街道
中 步行时间 30~45min	东城	朝阳门街道；体育馆路街道；景山街道；北新桥街道
	西城	西长安街街道；展览路街道；什刹海街道
差 步行时间 >45min	东城	交道口街道；东四街道
	西城	—

核心区步行可达性分析图

2.3.3　碳密度评价

陆地生态系统碳储量（Carbon Storage）是指陆地上的植物、土壤、大气在进行生态系统循环的过程中也进行碳交换，植物、土壤、水体等都会储存一定量的碳。碳密度（Carbon Density）是指单位面积上碳存储量，是生态系统碳存储能力的重要指标之一。基于 InVEST 模型强大的模拟计算能力和宽泛的研究范围，本书选用 InVEST 模型的 Carbon Storage and Sequestration 模块，根据核心区的不同用地类型以及相关研究进行碳池设定，分析核心区碳密度分布。

数据来源与处理

土地利用数据：选取 Landsat-8 OLI（2020 年 8 月，15m 分辨率）遥感影像为主要数据源，运用 Arcgis10.7 进行解译，将核心区土地利用类型划分为林地、灌木林地、草地、建设用地、水体，再将土地利用分类数据转化为 GeoTiff 格式栅格数据。

碳池数据：参考相关文献并进行标准化计算获得。

行政街道数据：核心区边界和行政街道划分的矢量数据来源于国家地球系统科学数据中心。

研究方法

将碳储量划分为 4 个基本碳库：

$$C_{i\_total}=C_{i\_above}+C_{i\_below}+C_{i\_soil}+C_{i\_dead}$$

（式中：C_{i_total} 表示总体碳储量；C_{i_above} 表示植被地上碳储量；C_{i_below} 表示植被地下碳储量；C_{i_soil} 表示土壤碳储量；C_{i_dead} 表示死亡有机质碳储量。参考相关文献，并根据：

$$C_{SP}=3.3968 \times P+3996.1（R^2=0.11）$$

$$C_{BP}=6.798e^{0.0054 \times P}（R^2=0.70）$$

$$C_{BT}=28 \times T+398（R^2=0.47, P<0.01）$$

（式中：C_{SP} 为根据年降水量得到的土壤碳密度（mg/hm^2），C_{BP}、C_{BT} 分别为根据年降水量和年均温得到的生物量碳密度（mg/hm^2），P 为年均降水量（mm），T 为年均气温（℃）。

$$K_{BP}=C'_{BP}/C''_{BP}、K_{BT}=C'_{BT}/C''_{BT}、K_B=K_{BP} \times K_{BT}、K_S=C'_{SP}/C''_{SP}$$

（式中：K_{BP}、K_{BT} 分别为生物量碳密度的降水因子和气温因子修正系数，C'_{BP} 和 C''_{BP} 分别为北京市与全国尺度根据年降水量得到的生物量碳密度数据；C'_{BT} 和 C''_{BT} 分别为北京市与全国尺度根据年均温得到的生物量碳密度数据；C'_{SP} 和 C''_{SP} 分别为北京市与全国尺度根据年均温得到的土壤碳密度数据；K_B 和 K_S 分别为生物量碳密度修正系数和土壤碳密度修正系数。

最后结合核心区土地利用 GeoTiff 格式栅格数据导入 InVEST 模型 Carbon Storage and Sequestration 模块进行碳储量计算分析。

图例

碳密度 t/hm²

高 9.46462

低 263475

核心区总碳储量： 903801.33mg　　　　**核心区平均碳密度：** 2.203t/hm²

核心区碳密度分析图

结果与分析

有 12 个街道的碳密度高于核心区平均碳密度，在提高核心区碳汇能力方面发挥巨大作用，有绿地和水体的地方碳密度高，碳汇能力强。

核心区碳密度分级

街道碳密度分级（t/hm²）	行政区	各街道碳储量（mg）
<1	西城	大栅栏街道：4910.23
1~1.5	东城	朝阳门街道：6188.7；景山街道：8290.01；建国门街道：16007.31；崇文门外街道：7662.93；交道口街道：10155.39
	西城	新街口街道：19889.72；牛街街道：8865.21
1.5~2	东城	东四街道：9797.32；体育馆路街道：14147.59；前门街道：7824.17；东华门街道：40446.11；安定门街道：14559.99
	西城	金融街道：26308.34；椿树街道：7286.46；西长安街街道：35035.29；天桥街道：18173.35
2~2.5	东城	北新桥街道：25008.82；永定门外街道：33893.94；东花市街道：19106.31；东直门街道：22103.7
	西城	广安门外街道：51533.98；广安门内街道：23624.67；德胜街道：40686.69；什刹海街道：59312.87；白纸坊街道：31009.64；展览路街道：58384.14
>2.5	东城	和平里街道：61255.08；龙潭街道：47341.1；天坛街道：95556.71
	西城	月坛街道：47184.9；陶然亭街道：32250.67

2.3.4　雨洪适应性评价

在全球气候变化加剧和城市化进程加速的双重大背景下，我国城市内涝呈现增多趋势，城市暴雨内涝防治难度加大且持续造成广泛影响和严重损失。关于城市内涝水动力模拟的研究大多聚焦于局部片区或小流域而非面向整个城市，在城市级别的大尺度研究中鲜有仅采用一套模型就实现覆盖全域的内涝精确模拟，这是由于大空间尺度建模带来的模型时空复杂度提升、模拟耗时增大、模拟精度下降等原因导致的。大空间尺度的内涝模拟难以得到全面的数据资料支撑，运算时效性差，在模型验证、率定并改进方面也存在诸多困难。

数据来源与处理

基础地理数据：DEM 数据，2m 分辨率。

遥感数据：卫星地图影像，4m 分辨率。

水文气象数据：站点降雨数据，数据步长 1h。

历史积水数据：来源于北京市内涝积水台账，数据信息包括积水时间、位置、深度。

研究方法

内涝风险快速研判模型是一种基于 GIS 技术与简化算法的城市洪涝模拟方法，包含 GIS 模块与水量扩散模块两个部分。通过对高分辨率激光雷达数据的分析筛选，识别城市地表局部地势低洼区域的容蓄体积。以识别的洼地区域作为内涝风险直接对象，通过 GIS 水文分析方法确定每个洼地的蓄满溢流点以及各洼地间的汇流连通路径，生成了一种概化的地表径流模型即洼地汇流网络。最终基于水量扩散模块实现雨量在洼地汇流网络中的水量扩散，实现城市内涝概化模拟与内涝风险快速研判。

内涝风险快速研判模型以创新的方式描述城市地表径流，首先，与传统水文水动力模型相比，该模型在暴雨情景下优先考虑地表径流而将管网排水能力在降雨输入中扣除。其次，在最大限度保留 DSM 精度的情况下，多次使用 GIS 筛选方法，将地表径流模型数据简化为洼地、溢流点、汇流路径三类要素，大大降低数据负荷，提高内涝模拟效率，尤其在空间尺度大的研究区域内模拟时效性优势非常明显。

模型构建分为洼地提取、洼地溢流点提取、洼地集水区提取、洼地汇流路径提取、洼地水量扩散模拟五部分。降雨雨型以十年一遇的短历时（$T=1$）设计降雨，以芝加哥雨型为例，径流系数、排水标准均根据《北京市中心城防洪防涝规划》。

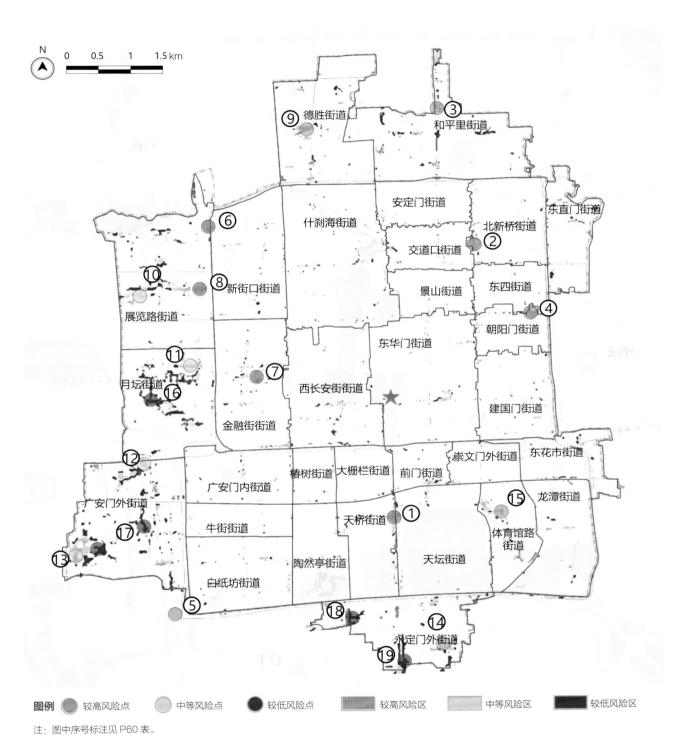

核心区内涝点分布图

结果与分析

内涝风险较高的点多集中于下沉立交桥处，另有多条街道胡同小区有内涝风险。较高风险的有南中轴与永安路交叉口南侧、东四北大街（北新桥路口南）、安定门外大街与青年沟路口、朝阳门内大街、菜户营桥、西直门立交桥、二龙路地区、百万庄大街与北礼士路交会口，在进行设计改造时应优先处理内涝问题。

核心区内涝点风险分析表

风险分级	序号	行政区	风险点
较高风险 （积水深度大于60cm，水深严重影响人员及车辆安全，禁止进入）	①	东城	南中轴与永安路交叉口南侧
	②	东城	东四北大街（北新桥路口南)
	③	东城	安定门外大街与青年沟路口
	④	东城	朝阳门内大街
	⑤	西城	菜户营桥
	⑥	西城	西直门立交桥
	⑦	西城	二龙路地区
	⑧	西城	百万庄大街与北礼士路交会口
中等风险 （积水深度在27～60cm，水深可能影响人员及车辆通行，建议人员及车辆绕行）	⑨	西城	新明胡同
	⑩	西城	百万庄大街百万庄中里小区
	⑪	西城	月坛西街东里、月坛公园
	⑫	西城	莲花池东路—小马厂东里、西城荣丰小区
	⑬	西城	茶源路、茶马街—中新佳园、信和嘉园、戎晖嘉园
较低风险 （水深小于27cm，可能高过路缘石，建议避开积水区域通行）	⑭	东城	景泰路—景泰西里、刘家窑南里
	⑮	东城	法华寺街、东大地一巷
	⑯	西城	三里河三区、复兴门外大街22号小区
	⑰	西城	马连道胡同
	⑱	西城	马家堡东路—马家堡东路7号院
	⑲	东城	永定门外大街与南三环交叉处

2.3.5　缓解热岛效应评价

城市热岛是城市热环境问题中的一项重要评估指标，是指城市温度高于周围郊区温度而形成的温度岛屿现象，与城市人口健康、居民舒适度等息息相关。基于 Landsat ETM 数据的大气校正法具有反演精度高、数据获取简便等优点，因此本文采用基于 Landsat 8 OLI/TIRS 遥感影像数据，基于 ENVI 5.4 平台采用大气校正法进行地表温度反演。

数据来源与处理

Landsat 8 OLI/TIRS 遥感影像数据：地表温度反演数据来源于地理空间数据云 Landsat 8 OLI/TIRS 遥感影像数据，经解析后数据分辨率为 15m，成像日期为 2020 年 8 月 7 日，当天天气晴朗，主城区范围内云量小于 1%。通过美国地质调查局官网（USGS）下载并裁剪出北京市域范围，利用 ENVI 5.4 平台对其各波段进行辐射定标，对热红外波段进行大气校正，以及研究区裁剪等预处理。

研究方法

基于 ENVI 5.4 平台以及 Landsat 8 数据的热红外传感器 TIRS，利用 TIRS 10 波段数据，采用辐射传输方程法进行地表温度反演。

第 1 步：为了得到较精确的地表比辐射率，将地表分为自然表面、城镇区、水体 3 种，通过公式计算不同地表的地表比辐射率。

第 2 步：计算黑体辐射亮度。

第 3 步：获取温度为 T_s 的黑体在热红外波段的辐射亮度后，根据普朗克公式反函数，并经转换后得到摄氏度的地表温度。

最后利用 ArcGIS 10.6 软件对地表温度数据进行染色处理，采用均值—标准差法，将地表温度分为 5 个热岛等级。

结果与分析

北京市核心城区夏季地表温度差异明显，最高地面温度可达 52℃，最低地面温度约为 22℃。利用均值—标准差法对归一化后的地表温度进行热岛划分。该方法通过对地表温度值与标准差（Standard Deviation, std）的倍数关系，将研究区地表温度归纳为 5 个温度区，如下图所示。其中高温区主要集中于前门—大栅栏街道、广安门街道、新街口—什刹海街道、安定门—交道口街道附近，该区域平均温度显著高于核心区整体平均温度。低温区主要分布在景山街道、什刹海街道、东直门街道、陶然亭街道、龙潭街道，上述区域均水体面积大或绿地覆盖率高，公园分布较为均衡。由此可见绿地能够有效降低地表温度。

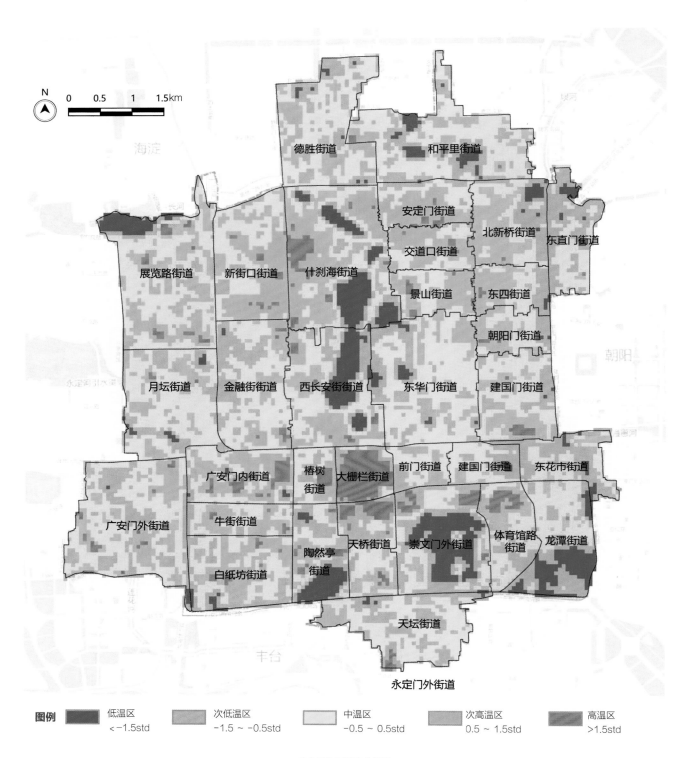

核心区地表温度分析图

图例	低温区 <−1.5std	次低温区 −1.5 ~ −0.5std	中温区 −0.5 ~ 0.5std	次高温区 0.5 ~ 1.5std	高温区 >1.5std

核心区地表温度分析表

地表温度分区	行政区	风险点
高温区 >1.5std	东城	一
	西城	大栅栏街道
次高温区 0.5~1.5std	东城	前门街道；安定门街道；交道口街道；景山街道
	西城	新街口街道；广安门内街道；牛街街道
中温区 −0.5~0.5std	东城	北新桥街道；东四街道；东华门街道；朝阳门街道；建国门街道；体育馆路街道；永定门外街道
	西城	德胜街道；什刹海街道；展览路街道；月坛街道；金融街街道；广安门外街道；椿树街道；白纸坊街道
次低温区 −1.5~−0.5std	东城	和平里街道；东直门街道；崇文门外街道；天坛街道
	西城	西长安街街道；陶然亭街道
低温区 <−1.5std	东城	龙潭街道
	西城	一

2.3.6 文化服务能力评价

2005 年联合国发布的《千年生态系统评估报告》（Millennium Ecosystem Assessment，简称 MA）将生态系统文化服务（Cultural Ecology Service，简称 CES）定义为"人类从生态系统中获得的非物质利益"，CES 已经成为一个在环境研究和政策决策中具有影响力的概念。

参与式制图方法利用公众参与式地理信息技术（PPGIS），对服务使用者感知的景观功能与价值进行制图并分析其空间特征，克服了使用独立的地理方法或定性描述来表达感知或态度。现有 PPGIS 方法集中于规划决策、环境变化监测、绿色基础设施、历史文化名城保护等方面研究。关于生态系统服务的文献表明，文化服务的映射滞后于其他服务类别，仅在娱乐及旅游服务中常见，且研究区域尺度多为公园、社区等中小尺度，较少对城市尺度进行评估。

基于此，本书利用 PPGIS 方法对于北京市核心区的绿色空间生态系统文化服务进行评估，以实现社会数据的空间配位，对于城市绿色空间的规划决策提供参考。

数据来源与处理

从 MA 对于 CES 的预定义列表中选择了 10 个相关的子服务类：文化多元性、精神与宗教、知识系统、教育价值、灵感、美学价值、社会关系、地方感、文化遗产价值、游憩与生态旅游，利用 PPGIS 方法以参与者为主体对于北京市核心区绿色空间中的 CES 子类服务点进行空间落位。具体的评估流程借助问卷星网站中的热力图标识功能，参与者使用 1~10 个可映射的点标记对于符合文化服务指标的地点进行空间落位，为之后各项 CES 指标的空间分析提供原始数据。

研究方法

通过在 GIS 里将不同子服务类的服务点进行录入，利用内核二次函数从映射的 CES 点层创建连续强度表面，以呈现文化服务的空间强度。所应用的核密度半径为 500m，网格单元大小为 50m，适合研究区域的规模。通过这种方式确定点密度较高的区域，并以此定义 CES 热点，即服务较好区域。

结果与分析

核心区绿色空间生态系统文化服务整体表现较差，且东城区的文化服务较西城区更好，各街道存在服务点分布不均衡现象。各绿地类型中公园绿地的文化服务种类及质量均为最佳，且有历史遗迹的主题绿色空间可以辐射周边，促进区域的生态系统文化服务升级。同时各文化服务子类中，核心区在文化多元性、知识系统、美学价值、社会关系、文化遗产价值、游憩与生态旅游等方面表现较好，在精神与宗教、教育价值、地方感、灵感等方面表现较差。未来应充分挖掘街道现状文化资源，发掘不同街道的文化特色，提升核心区文化服务质量。

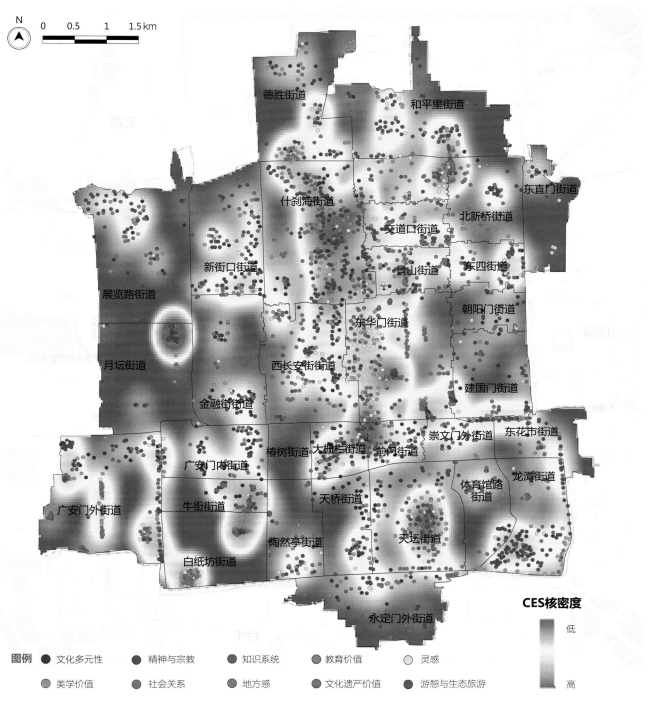

核心区生态系统文化服务评价图

核心区各街道生态系统文化服务评级表

生态系统文化服务分级	行政区	街道
优	东城	东直门街道；体育馆路街道
	西城	展览路街道；月坛街道
良	东城	北新桥街道；东四街道；和平里街道；天坛街道，龙潭街道；东花市街道；崇文门外街道
	西城	广安门内街道；陶然亭街道；大栅栏街道；天桥街道；天坛街道
中	东城	永定门外街道；交道口街道；景山街道；朝阳门街道；建国门街道；前门街道
	西城	什刹海街道；西长安街街道；牛街街道；椿树街道
差	东城	交道口街道；东四街道；东华门街道
	西城	德胜街道；广安门外街道；白纸坊街道

2.3.7　综合评价

研究方法

将分析后的核心区绿地连接度、可达性、碳密度、雨洪适应性、缓解热岛效应、文化服务能力的 GeoTiff 格式栅格数据导入 Arcgis10.7 重分类并进行归一化处理，依据评价标准运用栅格计算器进行等分叠加分析。

结果与分析

得出核心区综合评价质量分布图，绿地连接度高、可达性强、地表温度低、碳密度高、雨洪适应性强、文化服务核密度高的区域综合质量较高。观察综合质量分析图发现，植被覆盖度较高的区域综合评价质量也越高，可见绿地对区域综合评价质量的提升有重要影响。对比街区之间的综合质量，天坛街道、龙潭街道、陶然亭街道、和平里街道这些绿地占比较大的街区整体综合评价质量最高；而交道口街道、东四街道等由于绿地覆盖率较低、可达性较差等原因，综合评价质量较低。本书的综合评价质量高低仅为所定的评价因子加权后的区域对比结果，核心区综合评价质量较低的街区仍然具有一定的综合价值。

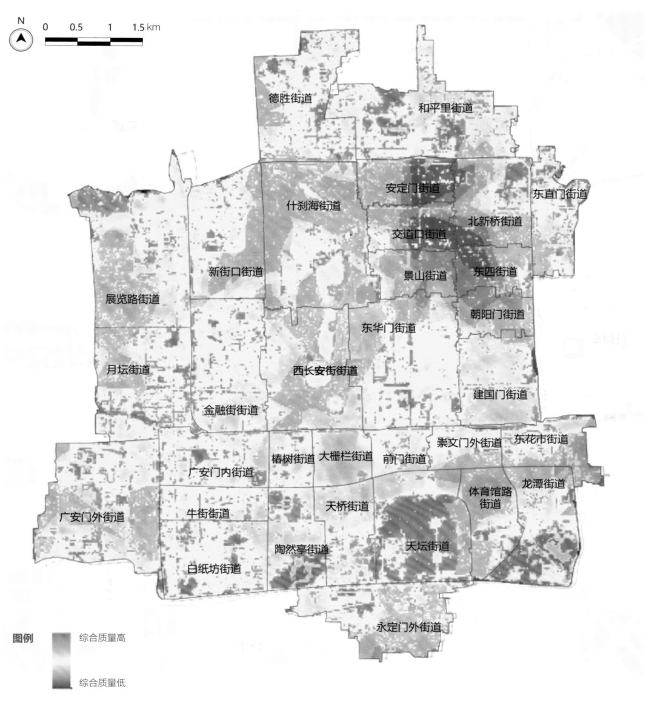

N
0　0.5　1　1.5 km

德胜街道

和平里街道

什刹海街道

安定门街道

东直门街道

北新桥街道

交道口街道

新街口街道

景山街道

东四街道

展览路街道

朝阳门街道

东华门街道

月坛街道

西长安街街道

金融街街道

建国门街道

崇文门外街道

东花市街道

椿树街道

大栅栏街道

前门街道

广安门内街道

体育馆路街道

龙潭街道

广安门外街道

牛街街道

天桥街道

陶然亭街道

天坛街道

白纸坊街道

永定门外街道

图例　综合质量高
综合质量低

核心区综合质量评价分析图

中篇

核心区绿色
公共空间更新

Renewal of Green Public Space
in the Core Area

第3章　未来绿色公共空间
Future Green Public Space

第4章　策略引导
Strategy Guidance

第5章
市政型绿色公共空间
Municipal Green Public Space

第6章
交通型绿色公共空间
Traffic Green Public Space

第7章
居住区型绿色公共空间
Residential Green Public Space

第8章
其他类型绿色公共空间
Other Ancillary Green Public Space

第3章
未来绿色公共空间
Future Green Public Space

3.1　更新内涵
Connotations of Renewal

展现国际城市形象

改善城市环境质量

提供公共休闲载体

塑造宜居生活空间

增加城市生态效益

3.2 更新目标
Targets of Renewal

3.2.1 总目标——生态文明，壮美有序，文脉凸显

着眼大国首都地位，推动城市高质量、可持续发展，打造人居环境一流的首善之都和国际典范
生态、人文、宜居、智慧、韧性

3.2.2 具体目标

构建生态基底，优化绿色空间
提升景观质量，展现治理水平
挖掘文化资源，传承人文特色
丰富活动类型，完善游憩体验

3.3 更新原则
Principles of Renewal

安全

保障绿地空间安全、健康，维护治安稳定。

开放

塑造开放式绿地，加强公共空间的承载力。

生态

构建生态效益强、多样性丰富的城市绿地生态网络与小气候空间。

人文

塑造传统文化与现代文明交相辉映的城市特色绿地风貌。

宜人

营造尺度舒适、美学兼顾的空间氛围。

活力

提升绿地空间环境品质，营造功能复合的户外公共空间。

第4章

策略引导

Strategy Guidance

4.1 安全型绿色公共空间
Safe Green Public Space

4.1.1 柔化平整硬质，打造安全舒适空间

合理选址

在进行规划布局时，要考虑周边环境、场地服务半径，选取有充足阳光、新鲜空气，适宜开展康体休闲、娱乐社交等活动的地点。

选择合适的材料

在改造提升过程中，景观材料需要根据使用功能、使用位置及服务对象来选择。路面考虑采用防滑、防腐蚀、耐磨损的材质，铺装的间隙应尽量贴合。

重视设施安全性

科学规范地布置照明设施，维护公园夜间安全。游戏、休憩设施的棱角做成圆角，必要时用橡胶做保护层。

完善无障碍设施

设置专用的便捷通道和保护措施，通常在不便通行或者需要转弯和存在一定高差的区域都应设置导盲块。

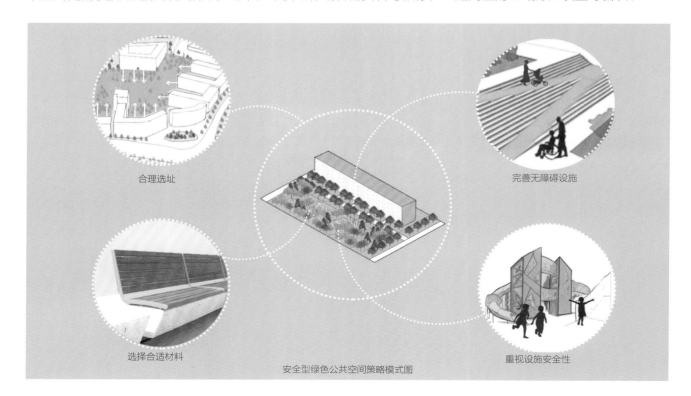

合理选址

完善无障碍设施

选择合适材料

重视设施安全性

安全型绿色公共空间策略模式图

案例展示

入口选址

公园入口

防滑材料

儿童活动特殊材料

照明设施

平整的铺装

无障碍坡道 1

无障碍坡道 2

4.1.2　注重水体和绿化设计，增加活动安全性

提高水体安全性

根据水体类型控制合理的水体深度，可以采用遮挡物或植物营造高低错落的景观，对空间起到一定的阻隔作用。

考虑绿化设计安全性

考虑景观的功能和植物特性，选用根系发达且枝干不易被风折断的树种，选用树冠较密且适应力强的树种可以起到抗污染和防烟尘的作用。

绿色开放空间内各类水体深度要求表

水体类型	深度	设计细节
静水池	0.5~1m	做泳池使用时，应设置底部防滑
流水	0.2~0.3m	采用填充卵石的方法，在材质上进行区分
无防护措施的人工驳岸	≤ 0.7m	避免人们因看不清水流的高差而造成的坠落、碰撞等事故
无防护措施的园桥、汀步及亲水平台	≤ 0.5m	非淤泥底人工水体，近岸 2m 内的常水位要求

4.1.3　处理空间边界，加强公园管理

适当围合边界

在注重公共性与开放性的同时，也要考虑空间与道路的过渡，可以采用高差、绿篱等进行边界的划分，避免干扰。

打通边界视线廊道

车行和人行道需要视线通透，可设置栅栏式围栏，同时应避免植物遮挡路况、干扰交通，这样能让人感到更安全。

加强公园管理及后期维护

定期进行安全维护，对损坏、老化的铺装、植物或者景观设施进行更换或者维修。

高差变化

地形变化

构筑物围合

控制出入口

边界围合类型图

以花钵的方式围合场地

活动场地通透的视线

公园疏朗的视线

4.2 开放型绿色公共空间
Open Green Public Space

4.2.1 提高场所可达性，提供便捷连续的使用体验

增强公共空间可达性

建立场所与步行交通系统和立体化公共交通系统的联系，行人能直接进入开放型绿色公共空间。同时将各级区域中心的购物、餐饮等场所与绿色开放空间相连，增大空间的活力，发挥空间的最大作用，提升人们的生活品质。

4.2.2 地形变化界定空间，场地设计提升品质

地形变化与空间分割

在更新中利用地形的塑造来分割空间和创造更好的景观视觉效果。抬升地形常常用在入口处，来增加吸引力；下沉地形则能给使用者以私密感和围合感；步入式绿地使行人更易进入。

4.2.3 配置多彩适地植物，创造宜人开放空间

植物配置与布局

植物在开放空间布局中起着围合空间、界定空间主色调等多种作用。精心做出的种植规划所创造的纹理、色彩、密度、声音和芳香效果，能够极大地优化开放空间的使用感受。

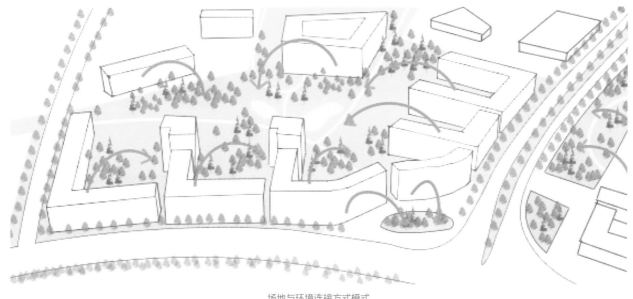

场地与环境连接方式模式

入口方式模式

下沉式绿地

抬升式绿地

步入式绿地

场地区分方式

铺装式

矮墙式

围栏式

植物配置实景

万寿公园

北护城河

金融街中心广场

4.3 生态型绿色公共空间
Eco-Green Public Space

4.3.1 资源集约，提升公共空间利用率

古树名木和原有树的保护

根据核心区控规要求，严格保护古树名木，建立大树保护信息库，优先救治衰弱大树，保护濒危大树。

在公共空间建设中，应对场地内的大树进行保留，不得随意移植、砍伐。对古树名木及大树进行合理养护、修剪，不得因房屋加建、设施或杂物堆放等挤占树木生长空间。

多种方式增加绿量

保证场地原有绿地率和绿地面积，同时可通过多种方式增加公共空间绿量，鼓励根据条件设置垂直绿化、屋顶花园、盆栽、花箱种植、与设施结合的绿化等。

注重植物选择

选择因地制宜、管理维护成本低、稳定性高的乡土植物材料和建材，依据植物生长习性进行科学植物配置，兼顾生态价值与视觉效果。

科学的植物群落配置

注重保护植物多样性，采用多层次的植物群落有效发挥生态作用，改善公共空间小气候。

案例展示

五道营胡同

天宁一号文化科技创新园

逸清园城市森林公园

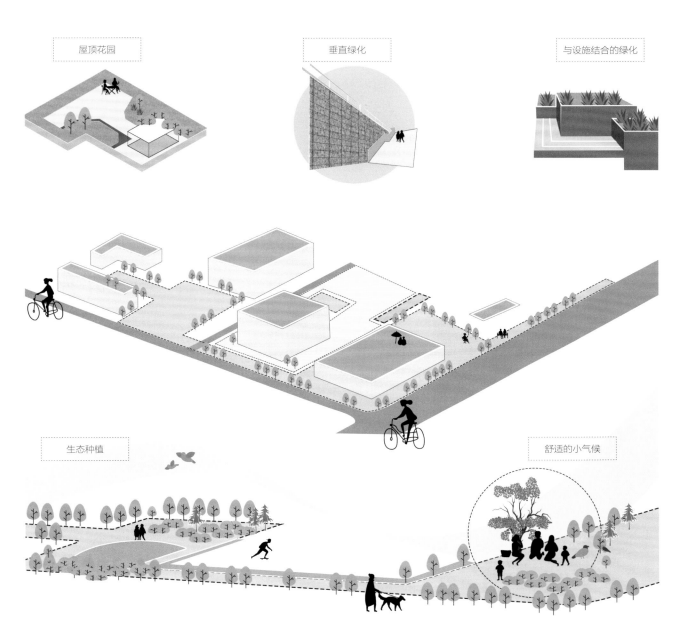

屋顶花园

垂直绿化

与设施结合的绿化

生态种植

舒适的小气候

生态型绿色公共空间模式图

4.3.2　运用生态技术，提升资源使用效率

"海绵"材料及设施

选择透水性材料进行铺装设计，如透水性沥青路面、透水性砖、天然砂石、停车场植草砖和植草格等，有利于地下水的循环，同时在铺设地砖时可留一定的缝隙加快排水速度和植物生长。

可设置下凹绿地、植草沟、雨水湿地等蓄水及雨水再利用设施；尽可能将雨水、人工水景用水、绿地灌溉、道路冲洗等系统相连，提高水资源使用效率。

适当的水景可丰富空间环境、调节小气候、增强场所舒适感，应充分利用雨水，并考虑养护成本较低的驳岸、池底形式，发挥水生植物和水体的自净功能，并尽可能满足亲水性需求。

采用节能环保的建设、维护方式

公共空间建设应运用生态技术减少能源和资源的消耗，在前期施工和后期养护过程中，应利用先进的施工工艺和技术，降低对自然环境的破坏。

建设过程应选择无公害、可回收、耐久性好的环保材料。

案例展示——深圳梅丰社区公园

场地演变　　　　　　　　　　"海绵"土地结构分析　　　　　　　　低成本、低维护的花园

案例展示——咸阳渭柳湿地公园

生态驳岸　　　　　　　　　　河滩湿地恢复　　　　　　　　　　鸟类回归

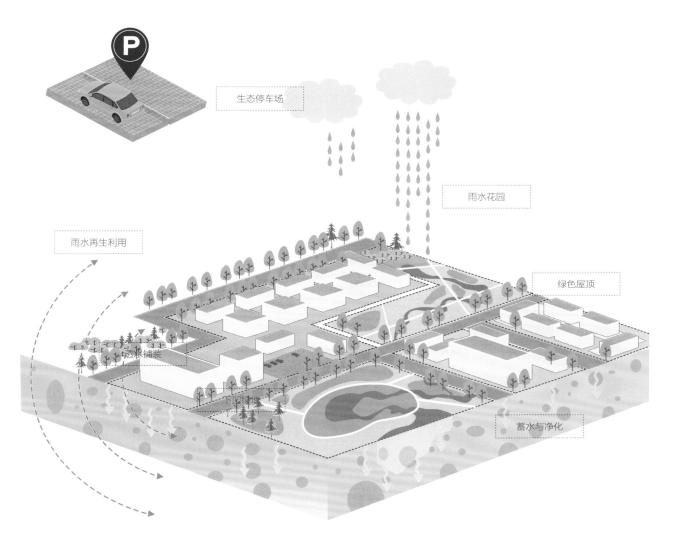

生态停车场

雨水花园

雨水再生利用

绿色屋顶

透水铺装

蓄水与净化

"海绵"绿色公共空间模式图

4.4　人文型绿色公共空间
Humanistic Green Public Space

4.4.1　注重历史传承，塑造特色城市风貌

协调风貌

坚持做好历史文化名城保护和城市特色风貌塑造，保持地域文化特征和历史文脉，挖掘活化文物及非物质文化遗产、老字号等文化资源优势，将当地民风风俗融入公共空间设计，考虑居民的生活习性。

与时俱进，新旧交融

新建建筑、构筑物、设施等的尺度、样式、色彩应与周边风貌协调，注重新旧结合。

4.4.2　增强文化认同，创设人文场所

完备文化服务设施

具备人性化的交流空间、丰富的休憩娱乐场所。具有完备的服务设施、人性化的城市家具，鼓励设施的艺术化处理和经济环保性，设施风格应与周边环境相协调。

开展体验活动

可开展独具特色的文化体验活动、微展览、微剧场等活动，强化文化认同感和凝聚力。

4.4.3　丰富主题表达，强化公共空间可参与性

文化元素提炼运用

提取地域特色和文化元素融入构筑物、景观装置、雕塑小品、标识系统等的设计，创设独特的人文景观空间，增强场地可观赏性和文化质感，增强民众对公共空间的认同感和归属感。

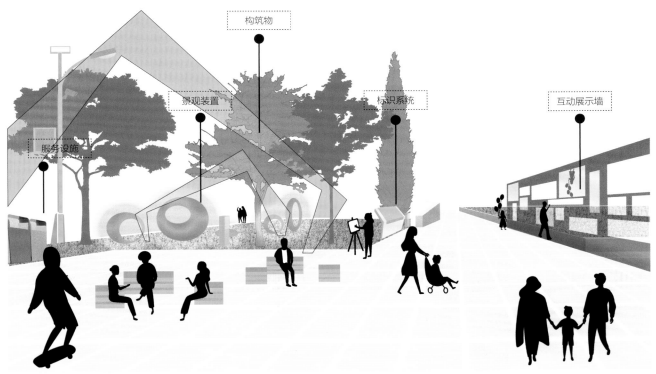

人文型绿色公共空间模式图

案例展示

北京地坛公园——中医药养生文化园

北京逸骏园

4.5　宜人型绿色公共空间
Pleasant Green Public Space

4.5.1　景观介入，打造全龄友好空间

儿童友好

从儿童友好出行及快乐成长角度出发，提升公共空间活动品质，满足片区儿童互动交流的多元需求，提供人文趣味的场所体验。

适老设计

营造适老化空间，挖掘生活原真性。

设施可靠

集约设置各类基础设施和城市家具，合理布局，提升质量。同时出于人性化考虑，应设置无障碍设施，满足各类人群的使用需求。

步行有道

优先保障人行，对步行道、骑行道、机动车道等空间进行铺装上的区分，保障慢行系统的连续、通畅。

空间更新模式图

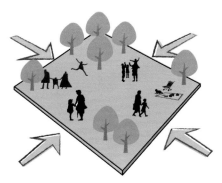

景观手段介入，为多年龄段人群服务

各类设施完善，步行有道，塑造人性化空间

案例展示

儿童友好：深圳百花二路友好街区

适老设计：北京学院南路 32 号院

人性化设施：北京五道营胡同

利用铺装区分道路：北京翠芳园

4.5.2　界面有序，营造可持续性景观

尺度适宜

合理设置空间出入口数量，保障人群活动的连续性。空间内设置的座椅等设施应符合人体工程学原理，场地铺装满足防滑要求。同时塑造人性化的街墙尺度，1.5：1至1：2之间的高宽比较为宜人。

色彩协调

空间顶界面、底界面和侧界面通过利用各类建筑材料和植物，结合空间特色，进行色彩优化，保障各区域内的空间界面色彩风格统一、协调，给使用者舒适的视觉观感。

案例展示

苏州吴江华润万象汇景观设计

该案例位于苏州市吴江区太湖新城 CBD 核心，意图打造相互契合的主题性商业景观空间，场地内通过营造高低起伏的微地形，设置各类符合人体工学的互动装置，鼓励父母和孩子在此度过一段美好的家庭时光。

苏州吴江华润万象汇

稚趣街角——"昆小薇"之昆山市柏庐中路—东塘街界面更新设计

由上海亦境建筑景观有限公司联合上海交通大学设计学院设计完成的"稚趣街角"是"昆小薇·共享鹿城"微更新行动计划的示范项目之一。

昆山市柏庐中路—东塘街 1

尺度方面

树荫下的休憩空间，尺度适宜。结合场地功能与光照条件，以"针灸式"介入，打开视线。

色彩方面

沿学校围墙设置了一条"拉杆箱"之路。在场地设计中赋予轻松明快的色彩。主题融合现代社区的活力与小学生的活泼好动。

昆山市柏庐中路—东塘街 2

案例展示

北京草厂八条

北京西便民路街角空间

北京善果胡同

北京大耳胡同

4.6　活力型绿色公共空间
Vibrant Green Public Space

4.6.1　功能复合，营造多元活力空间

开放空间

复合利用土地与空间资源，塑造多样的活动类型。如音乐、文体、儿童科普等。人是场所活力的直接体现，增设科普花园等开放空间，让使用者参与雨水管理、植物科普等活动，人与城市亲密互动。

优化交通

空间的可达性与人车流线情况紧密相关。重组场地交通流线，优化使用者出行路线，可以增强各功能区块之间的复合性，提升场地活力。

业态提升

鼓励业态的多样性，商业空间通过业态梳理，形成连续且有整体识别性的空间界面，保护空间文脉，提升空间特色风貌，吸引人流。

空间更新模式

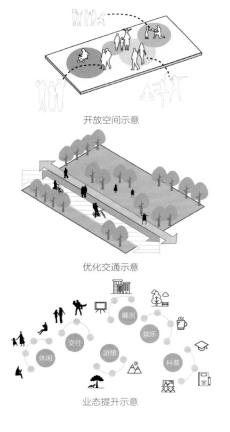

开放空间示意

优化交通示意

业态提升示意

案例展示

科普花园让使用者参与雨水管理、植物科普等活动：
深圳百花二路友好街区

重组交通流线，优化出行路线，提升空间活力：北京望京小街

梳理多元业态，形成连续有识别性的空间界面，打造活力
商业空间：北京望京小街

4.6.2　互动感知，提升场地活力属性

科技互动体验

利用装置的艺术性、娱乐性丰富公共空间的视觉效果和文化表达，调动参与感和体验热情。

塑造体验空间

将空间变为使用者的户外客厅，提供舒适的活动。提高场地与设施质量，打造体验式、沉浸式的绿色公共空间，触媒式点状激活场地。

引入智慧设施

集约整合空间设施与城市家具，并进行智能管理。结合使用者需求进行交互辅助，促进空间智慧转型。同时加强空间环境监测保护，促进智能感应并降低能耗，塑造低碳空间。

案例展示

观赏者与北京坊的"太湖石"互动交流：北京坊

互动装置塑造娱乐体验空间，上下挥舞手臂：北京望京小街

AI 竞速跑道的设置使金融街成为一个多功能的智慧驿站，从踩踏"开始"地砖进入"竞速模式"，带给市民运动参与感：北京西城金融街

通过公园的智慧大脑控制数千个小喷头的开关和速射，使"智慧水帘"呈现不同的字样和图案：北京海淀 Smart 能量公园

垃圾分类机器人使用可增加用户积分，兑换权益：北京西单体育公园

通过户外 AI 互动竞技游戏，增强骑行运动的吸引力和趣味性的效果：北京西单体育公园

第5章

市政型绿色公共空间

Municipal Green Public Space

5.1　基本原则
Basic Principles

5.1.1　尊重现状，协调统一

保护利用特色景观要素

考虑东西城区现状景观要素的情况，如古树名木、古建筑、老胡同等，以保护为主，发挥特色要素的景观价值。

各绿地功能协同考虑，提供丰富多样活动场地

综合考虑东西城区各类绿地功能布置，从市民切身使用需求的角度进行绿地功能协同布置。

5.1.2　尊重印记，结合时代

保护展示城市历史文脉

改造更新需要注重特色文化的保护及展示，加强对胡同资源、四合院文化、名人故居等设施的利用，扩大文化有效供给，形成"京味儿"文化展示窗口。

引入现代景观技术手段

通过智慧导览、智慧讲解、App 等技术手段，将东西城区文化激活，丰富多样化的展示手段。

加强古树名木的保护

在更新过程中，对于古树名木，即稀有珍贵树木或者具有重要历史文化、科学研究价值或重要纪念意义的树木，应按照相关规范予以保护。坚持专业保护和公众保护相结合、定期养护与日常养护相结合的原则。

5.1.3　融合渗透，无界绿地

弱化边界

通过树池、微地形塑造、种植池、花境等自然手段软化场地边界，与城市街道绿化保持协同，加强同城市环境的融合。

5.1.4　把握细节，提高品质

优化环境品质水平

通过增设垃圾桶、更换老旧设施、更新破损铺装等方式，对场地环境品质进行提升。

改善植物种植景观质量

补种植物，实现植物景观层次的合理搭配，通过花境等方式提高景观质量和绿地率。

提升城市家具质量

对座椅、照明灯具、无障碍设施、便民设施等进行更新，满足市民需求。

5.1.5　循序渐进，分期实施

改造更新要始终秉持可持续的发展原则，立足场地现状以及不同使用人群的需求，分阶段进行。在不影响周边人群正常城市社会生活的前提下进行公园更新改造，从而达到功能、景观、生态的多赢。

5.1.6　实用适用，市民参与

改造更新应充分考虑市民居住、生活、工作等多方面需求，坚持以人民为中心的发展思想。鼓励居民、各类业主在城市更新中发挥主体主责作用，加强公众参与，建立多元平等协商共治机制，探索将城市更新纳入基层治理的有效方式。

5.2 更新空间类型
Type of Renewal Space

5.2.1 公园绿地

明确定位，强化特色

更新宜按照城市空间布局和不同圈层功能定位、资源禀赋，注重分区引导，分类制定政策。发掘北京市核心区的特色，植入具有传统文化底蕴的活动类型。

完善游线，突出景点

公园宜明确园路等级，更新标识系统；宜增加园路类型，丰富游线空间；宜使用绿色材料，降低施工养护成本。

更新植物，完善植物配置

更新应在保留古树名木的前提下，合理规划种植，及时更新长势不佳的植物，营造兼顾美学的绿地景观。

完善管线，雨洪管理

更新过程中宜对场地的管线进行重新梳理，应结合竖向设计进行雨洪管理设计。

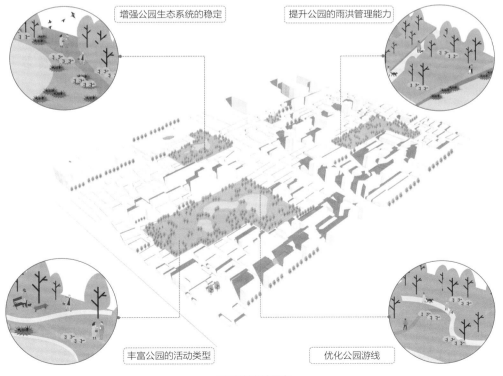

增强公园生态系统的稳定

提升公园的雨洪管理能力

丰富公园的活动类型

优化公园游线

公园绿地整治要素

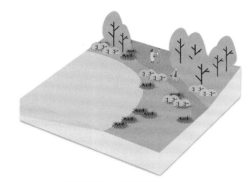

更新植物，完善植物配置

明确定位，强化特色

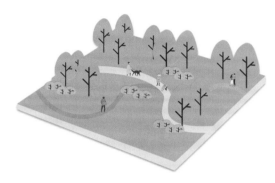

完善游线，突出景点

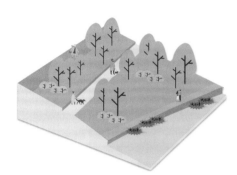

完善管线，雨洪管理

案例展示

成都文化公园

明确公园定位

在更新过程中归纳居民需求与场地问题、整合场地资源，使老公园成为老社区中一处有代表性的场景。

广东清远飞来峡海绵公园 1

雨洪管理设计

生态碎石渠内运用取自本地采石场的碎石进行雨水阻拦，形成与本地特色相呼应的雨洪管理设施。

广东清远飞来峡海绵公园 2

生态化设计

公园注重生态化设计，持续关注植物生长情况，及时维护，提升园区的人居环境和生态环境。

广东清远飞来峡海绵公园 3

完善游线设计

公园根据海绵系统规划园区内的游线，完整地展示了从收集传输到储存净化的雨水管理全过程，具有极佳的教育意义。

5.2.2　口袋公园

明确定位，合理选址

在更新过程中应明确公园的定位与功能，合理布局不同功能的口袋公园，形成服务组团。同时以地铁、商业、街角、城市小广场为依托进行选址布局。

利用拆违及闲置区域：梳理核心区内街头巷尾、胡同、街道等违建和闲置区域，利用空闲地、拆违腾退用地建设便民服务设施。

利用地铁周边广场：合理利用地铁出入口周边的微空间，根据场地集散需求，结合景观功能、休憩功能，对地铁周边小微空间进行合理利用。

利用城市小广场：合理利用商业广场周边的微空间，根据周边人群需求确定使用功能，满足人群停留休憩、社会交往、聚会活动的使用需求。

利用街头转角区域：挖掘、梳理街巷胡同中的边角地、微空间，清理堆放杂物，根据地方风貌特色和周边居民的生活需求，分区分类进行精细化设计，提升街道空间活力。

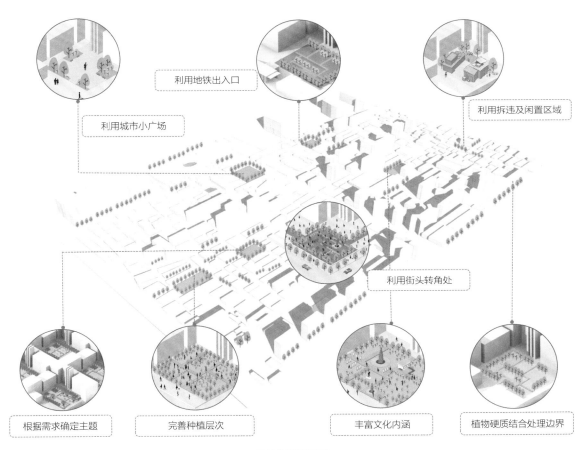

口袋公园整治要素

公园选址——拆违区域

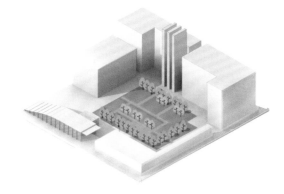

公园选址——地铁出入口

公园选址——广场

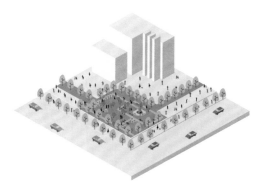

公园选址——街头转角

案例展示

深圳东角头地铁站公园

苏州吴江华润万象汇

昆山柏庐中路界面更新

北京西单口袋公园 1

北京西单口袋公园 2

北京同仁医院口袋公园

边界处理，良好立面

公园边界宜采用软硬结合的方式，植物界面与硬质场地界面结合，既能明确公园范围，又能对外形成良好的景观立面。

置入娱乐文化科普等功能，丰富内涵

更新过程中宜对场地及周边环境的内涵进行充分挖掘，置入具有场地特色的文化要素，形成独特的场所记忆。同时满足周边不同年龄层人群娱乐需求，置入设施，还可进行生态、特殊材料等方面的科普。

丰富种植，增加层次

口袋公园在更新过程中宜丰富植物群落在竖向上的层次，乔灌草相结合；多采用观赏性植物，争取做到三季有花、四季常绿，增加空间的趣味性和活力。

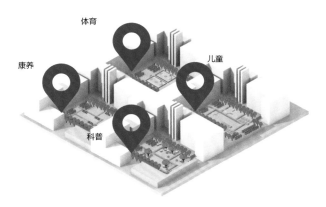

规划主题：根据需求确定不同的游憩主题

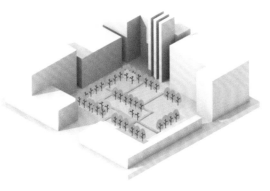

处理边界：植物、硬质结合处理边界

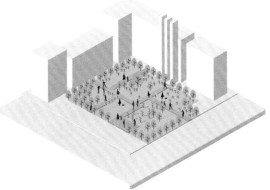

优化种植：完善种植层次，增加季相植物，打造丰富景观

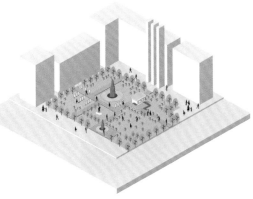

提升文化内涵：置入文化要素，提升文化内涵

5.2.3 城市广场

提升城市家具质量，增添夜间照明设计

优化城市家具配置，推动市政设施小型化、隐形化、一体化建设。结合文化历史传承与材料进行更新，如可移动座椅、可供多人休闲的桌椅、富有文化历史含义的铺装等，优化场地使用者的体验感。

适当在使用频率高的地方完善灯光照明，结合其他游憩设施布置趣味灯光，延长场地使用时间，提升景观观赏性与体验感。

适当优化植物配置，提高绿地率

优化场地原有植物配置，提升植物林下空间与活动场地结合。

提升广场绿地的绿地率，适当补植植物，提升景观效益。

加强对古树名木的保护，适当增加保护设施，增设科普宣传栏，加强古树名木的科普教育。

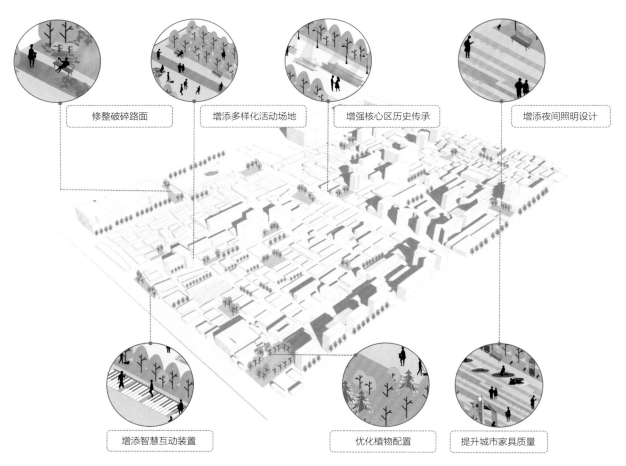

城市广场整治要素

完善功能需求，优化活动场地

充分考虑场地的使用人群，满足各年龄阶段如老人、儿童的活动需求。

重视使用人群对场地的功能需求，如生活、工作、通勤等多方面需求，从人文关怀的角度，增添多样的活动场地。

优化智慧互动装置，增强人与场地互动

适当结合广场周边环境与场地功能，推出类型多样的智慧互动装置；具体方面涉及智慧跑道、智慧服务、智慧管理等，为使用者提供全方位、全过程、人性化的服务。

注重与历史传承的结合，塑造特色城市风貌，鼓励设施与历史文化结合，营造文化景观与游憩场地结合，强化文化认同感。

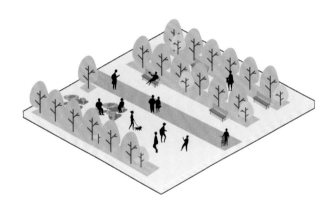

增加多样场地：充分考虑场地适用人群，增添多样活动场地

优化智慧互动装置：增添类型多样的互动装置，鼓励场地设施与历史文脉结合

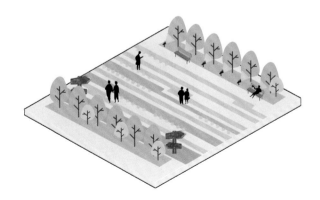

提升城市家具：根据需求确定不同的游憩主题

优化植物配置：优化原有植物配置，保护古树名木

优化城市家具：北京西单更新场

增添夜间照明设计：长春万科蓝山社区街头公园

提升城市家具质量，增加座椅、指示牌和灯具等的数量，布置在使用频率高、现状基础差的场地，增添场地活力。结合场地历史传承，优化使用者体验感。

在人群使用频率高的地方增添夜间趣味灯光，可以结合植物、铺装、构筑物和草地，增强场地的趣味感和体验感，延长场地的可使用时间。

植被营造不同空间体验：郑州古树苑公园

优化植物配置：广州太古汇绿化屋顶和广场

增强植物营造不同空间形态，优化植物配置，塑造多样空间体验，满足使用者的日常需求，将植物空间与功能空间和活动场地结合。

增加场地的绿地面积；增强场地的观赏性，优化植物的季相变化；通过植物进行生态科普宣传，提高公众保护环境的意识。

增添多样的活动场地：长春水文化生态园

考虑多样化适用人群：莫斯科 Vereya 历史中心区（苏联广场）改造

增添智慧互动设施：贵阳广大街头广场

增添多样化且充满活力的空间，成为城市客厅，可以在此举办节日庆典、音乐会和社区活动，遮阳伞等设施为多样活动类型提供了合适场地。

考虑到场地的使用人群有儿童、老人等特殊人群，完善优化了无障碍设施的布置，运用沙子、木材、绳索等增设儿童活动场，满足多年龄段活动需求。

增加数控流水艺术装置和地面互动音乐钢琴装置，其在夜间灯光下呈现不同色彩，驱动场地活力，聚集人气，拉近人与人之间的距离。

5.2.4　城市森林公园

丰富林分，打造森林群落的动态平衡

应适当提升自然林比重，推行人工适当引导、近自然林策略，使林分能接近生态的自然发育。

近自然林营建应注重群落中植物功能的构建和群落优势种的选择和应用，树种配植充分遵循植被次生演替规律。

创建生态、自然科普的户外课堂

以现状标识引导系统为依托、森林公园生态种植为基础，结合智慧导览系统、智慧景观小品、讲解员等，打造生态科普教育的户外课堂。

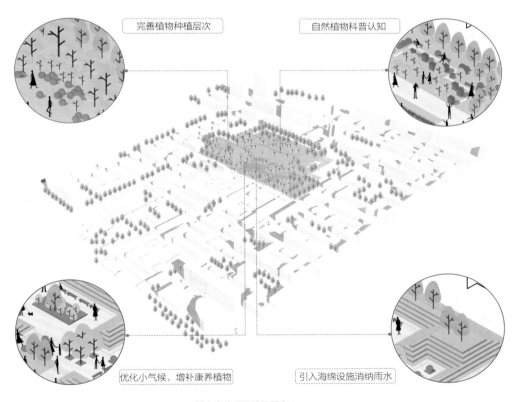

城市森林公园整治要素

优化区域小气候，提升森林康养水平

通过微地形营建，结合植物种植优化，创建良好的小气候条件。

从使用人群的五感需求选择树种并进行合理的配植，提升森林公园康养水平。

引入海绵设施，提升场地消纳雨水的能力

通过优化源头对雨水分流及消纳的能力，实现提高公园应对洪涝的能力，进而提高公园的生态效益。手段包括整治地形、更新老旧铺装为透水铺装、增加植草沟、设置下凹式绿地等。

丰富林分

补充植物种植，优化植物结构，形成近自然林

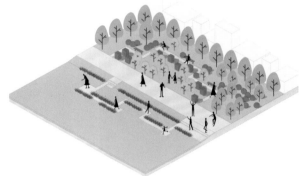

构建户外科普课堂

利用植物种植、湿地打造生态科普的户外课堂

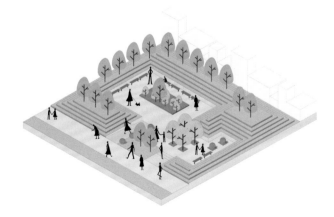

优化小气候

借助微地形，康养植物提升森林公园康养水平

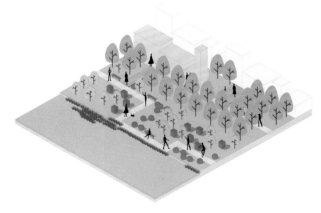

增加软质下垫面，提升雨水消纳能力

通过下凹绿地，增加软质，提升雨水消纳能力

植物科普：北京常乐坊城市森林公园

通过指示牌、二维码等形式，进行植物科普认知，提供生态科普的户外课堂。

植物选择：北京广阳谷城市森林公园

结合现状植物，合理增补植物，形成地被植物、小灌木、大灌木、小乔木、大乔木的近自然层次，增强群落稳定性。

森林康养：德国历史康养度假公园改造

结合休憩设施，利用植物以及地形围合小空间，改善局部小气候，形成良好的森林康养场地。

改善小气候：瑞典 Arninge-Ullna 河岸林公园

利用地形低洼处设计雨水花园，补种具有净化作用的水生植物，形成环境宜人的小气候环境。

近自然林：北京广阳谷城市森林公园

增补植物应注意选择北京乡土树种，形成符合当地自然风貌的近自然植物群落。

提升海绵设施：德国历史康养度假公园改造

通过增加绿地率、营造下凹式绿地、优化地形、改善植草沟等海绵措施，提升公园消纳雨水的能力。

5.2.5 滨河绿地

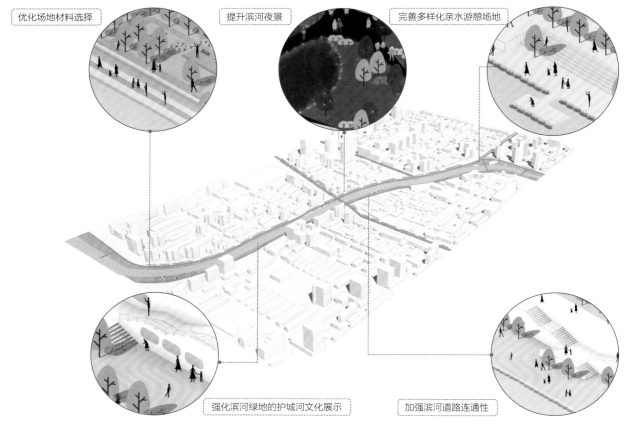

优化场地材料选择　　　提升滨河夜景　　　完善多样化亲水游憩场地

强化滨河绿地的护城河文化展示　　　加强滨河道路连通性

滨河绿地整治要素

考虑防洪需求，优化场地硬质设施材料选择

位于防洪区域内，应当注重硬质材料的选择。在更新过程中，宜增加简洁、防水和耐用的材料进行硬质铺装设计，对不适宜的硬质铺装材料进行替换。

护坡堤岸考虑防洪需求的同时应与景观相协调，宜变换多种形式与材质，在更新过程中宜对景观单调的护坡进行适当改造，利用石笼、不锈钢板等材料形成趣味护坡。

完善多样化亲水游憩场地，提升景观小品质量

在不影响水系功能的前提下，增加多样化活动场地，拓展滨水空间，方便人们观赏水、亲近水、享受水、使用水的需求，增添景观小品，增强人的游赏体验。

提高滨河道路同城市道路体系的连通性

增加挑台、阶梯、观景台等结构连通滨河绿地与城市道路，增强城市绿地的系统化。

加强滨河道路的出入口与城市道路的联系，适当加强与其他城市绿色空间的联系。

优化滨河绿地的护城河文化展示

查阅挖掘文化名片，通过科普牌、景墙、铺装等手段讲述历史文化，打造有内涵、标志性的护城河景观。

提升滨河夜间景观，打造夜景游览游线

根据北京市核心区风貌特色，依托重要节点，进行景观照明提升，点亮制高点。在城市景观照明提升中，重点打造城市水际线景观照明，展示核心区灯影河水相得益彰之美。同时在后海、北海等适当沿岸区域，结合地形和现有建筑物，打造能够体现城市品位、特色鲜明、感染力强的灯光表演项目，进一步丰富护城河的夜间景观照明，建设重点夜景观景平台、视点和游览路线。

优化场地硬质设施材料选择：芝加哥滨河步道

在更新过程中，宜增加简洁、防水和耐用的材料进行硬质铺装设计。

护堤应与景观相协调：北京环二环绿道（北护城河段）

变换多种形式与材质，在更新过程中宜对景观单调的护坡进行适当改造。

多样化亲水游憩场地：上海杨浦滨江公共空间

通过阶梯、观景台增强滨河道路与城市道路的连通性。

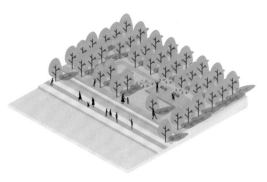

形成丰富的防洪堤墙体

考虑防洪需求：重庆长滨 "两江四岸" 东水门大桥至储奇门码头段三级平台空间

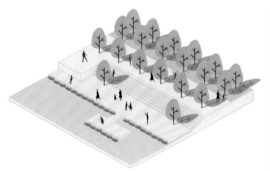

完善多样化的亲水空间

置入多样功能：上海闵行横泾港东岸滨水景观公共空间改造

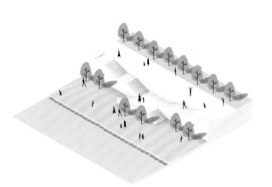

增强滨河道路与城市道路的连通性

提高滨河道路同城市道路体系的连通性：上海杨浦江公共空间二期设计

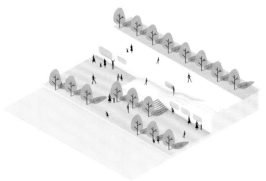

利用墙面作为文化展示的载体

优化滨河绿地的文化展示：成都均隆滨河路围墙改造设计

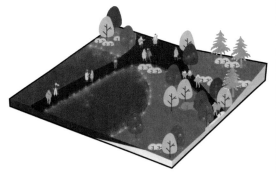

打造夜景游览路线，提升特色夜间景观

规划夜景游线：北京北海公园夜间景观

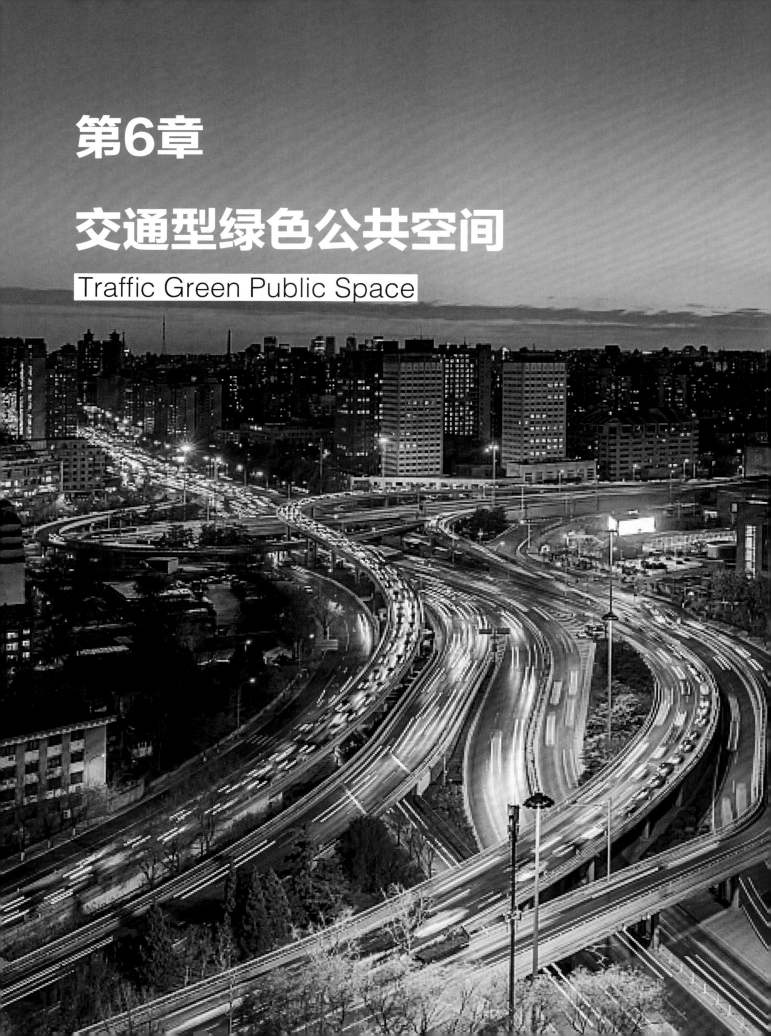

第6章
交通型绿色公共空间
Traffic Green Public Space

6.1　基本原则
Basic Principles

6.1.1　空间风貌总体控制

街道绿化更新协调城市形象

街道绿化是城市景观的一个组成部分，尤其是路侧绿带与两侧建筑外部空间的有机结合，是塑造整体协调的城市公共空间环境，形成统一协调的城市形象的重要途径。应制定各街区更新计划，整合各类空间资源，有针对性地补短板、强弱项。促进生活空间改善提升、生产空间提质增效。加强街区城市修补和生态修复，推动街区整体更新。

改善街道绿化与城市用地关系

街道绿化应统筹安排与道路两侧城市用地的关系，加强街区公共空间景观设计建造，形成完善的公共空间体系。加强公共服务设施、绿道蓝网、慢行系统的衔接，促进公园绿地开放共享。

加强特殊街道风貌保护

历史文化街区内道路类型多样，且多数道路宽度较小，道路绿化的形式也各不相同，需以应保尽保为目标，以更严格的措施、更常态化的制度深化历史文化街区保护更新。

6.1.2　公共空间营造

提升街道绿化安全性

道路应保障行人和机动车的安全出行，街道绿化须满足交通安全视距要求和行车净空要求，不得妨碍交通安全。

完善道路建筑限界

道路建筑限界是指道路工程设计规定的道路上净高线和道路两侧侧向净宽边线组成的空间界限，具体参照《城市道路工程设计规范（2016 年版）》CJJ 37—2012 中对道路建筑限界的规定。

加强服务管理规范性

街道公共空间应加强沿街功能复合，完善交通设施管理，规范多元业态，利用街道空间为行人提供品质化服务。

6.1.3　附属设施更新

优化整体协调性

市政公用设施建设应与绿化建设相统筹，提供植物正常生长所需要的立地条件和生长空间；见缝插针补齐民生设施短板，努力提升公共服务能力、基础设施效率、人居环境品质。

整治设施安全性

进入步行空间的交通标志牌、店招等各类设施净空除了美化街景外，需注意其安全性，不得妨碍行人的正常通行。

管控设施集约化

道路绿地配备城市家具，整合街道公共空间范围内的附属设施，使其集中化、小型化，净化街道空间，提升街道景观形象。

6.1.4　街道绿化统筹

加强行道树管理

坚持适地适树、以人为本的原则，针对出现黄叶、焦叶、干梢等现象的行道树进行移植补种，补植适应性、抗逆能力强的树种，被移植的树种将在苗圃复壮后继续用于本市绿化建设。

完善绿地养护管理工作

对街道绿篱和草坪等植被增加施肥、浇水、清除杂草等次数，延长绿期。加强病虫害防治工作，对城区道路两侧树木喷洒秋冬季病虫害药剂，确保无虫害疫情发生。对于街道古树，应依照相关规范进行保护；禁止擅自移植砍伐，借用树干做支撑物；禁止在树冠外缘 3m 内挖坑取土、堆放危害树木物料、修建建筑物或构筑物。

植物更新效益化

更新过程中需进行街道断面优化，利用绿色技术完善街道生态系统，突出观赏、生态、经济效益。

6.2　更新空间类型
Type of Renewal Space

6.2.1　综合交通枢纽绿地

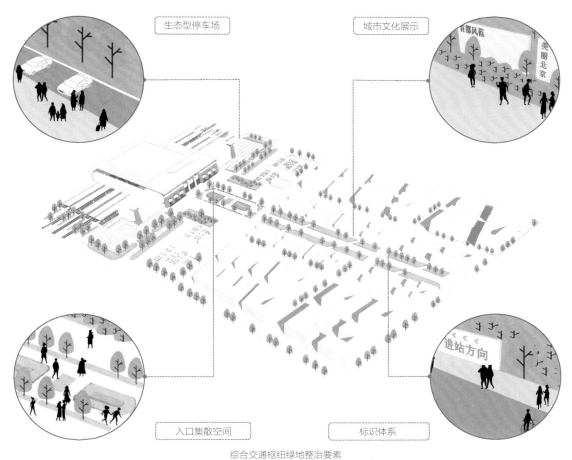

生态型停车场

城市文化展示

入口集散空间

标识体系

综合交通枢纽绿地整治要素

改善交通型空间

出入口：出入口设置应靠近人流主要疏散区域，与枢纽周边道路相协调。

道路系统：规范和改善道路系统，体现安全舒适，质量满足无障碍和全天候使用的要求。

优化集散空间

整体空间环境质量的提高宜从城市的历史文脉出发，结合空间组织、交通疏理等，有机地汇集于统一的城市公共空间系统之中。

案例展示

法国马赛查尔斯火车站站前广场　　　　　　　　　　　美国阿斯彭火车站文化引导

法国阿维农 TGV 火车站停车场　　　　　　　　　　　嘉兴火车站文化引导

设置生态型停车场

生态停车场的塑造应与周边下凹绿地结合，周边选择平道牙或者开口道牙，设计合理的雨水流线系统。

在停车场铺装周边的雨水径流传输系统和生态停车场的排水系统上进行景观优化设计，组合成功能与景观效果相互衬托的生态停车场。

加强文化引导

改变引导标识系统单一、缺失文化性及地方特色的问题，应将核心区文化融入标识系统。

6.2.2　交通绿地环岛

规范植物种植

周边的植物配置宜增强导向作用，在行车安全视距范围内应采用通透式配置。

植物的高度，自圆心向周边逐渐降低，在视距三角形内高度不得超过 0.65~0.7m。

绿化种植应采用疏林草地模式，营造疏朗通透的景观效果。

提升调蓄功能

结合场地的雨水排放一同设计，考虑雨水花园、下凹绿地等绿化方式，提升调蓄功能。

根据水分条件、径流雨水水质等选择植物，宜选择耐淹、耐污、耐旱等能力较强的树种。

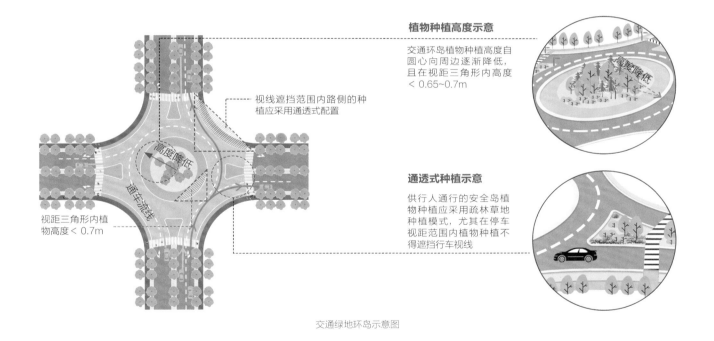

植物种植高度示意

交通环岛植物种植高度自圆心向周边逐渐降低，且在视距三角形内高度 < 0.65~0.7m

视线遮挡范围内路侧的种植应采用通透式配置

高度降低

通车流线

视距三角形内植物高度 < 0.7m

通透式种植示意

供行人通行的安全岛植物种植应采用疏林草地种植模式，尤其在停车视距范围内植物种植不得遮挡行车视线

交通绿地环岛示意图

6.2.3　绿化分车带

规范立面空间

快速路

基本要求：更新过程中，以保障畅通安全、防护功能为主，兼顾绿化景观，改善与两侧景观之间的关系。

案例展示

结合凉亭座凳，创设休息空间：宁波中山路

选用彩叶植物，突出季相景观：郴州燕泉路交通岛

运用花境，突出色彩之美：北京阜成门北大街

快速路公共空间规范要点

类型	规格	要点
两侧绿化分车带	1.2~1.5m	种植应以灌木为主，宜灌木、地被植物相结合
中间绿化分车带	>1.5m	种植应以乔木为主，宜乔木、灌木、地被植物相结合
	>1.5m	在距相邻机动车道路面高度0.6～1.5m之间，配置植物的树冠应常年枝叶茂密，其株距不得大于冠幅的5倍，以阻挡相向行驶车辆的眩光

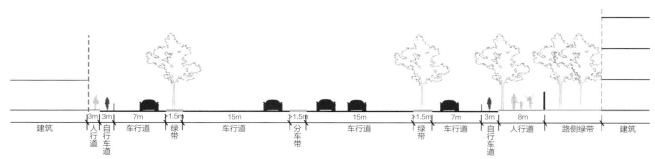

快速路公共空间剖面示意图

案例展示

北京西二环

北京复兴门内大街

主干路

基本要求：更新过程中，在保障交通安全的同时，提升城市风貌，兼顾防护和生态的要求，宜增强道路识别性，注重慢行交通的遮阴需求。

主干路公共空间规范要点

类型	规格	要点
两侧绿化分车带	<2.5m	应布置成封闭式绿地，若被人行横道或道路出入口断开，其端部应采取通透式配置
路侧绿带	2.5~8m	宜种灌木、绿篱及攀援植物以美化建筑物。种植一定要保证植物与建筑物的最小距离，保证室内的通风和采光
	>8m	可采用微地形处理，增加植物对雨水的利用

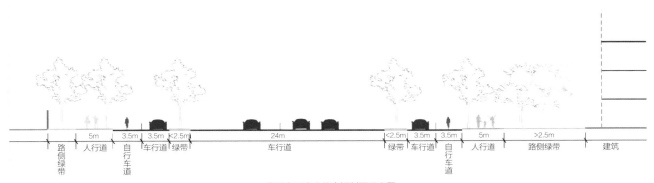

典型主干路公共空间剖面示意图

案例展示

北京广安门外大街

北京雍和宫大街

次干路

基本要求：更新过程中，在保障通行功能的同时，协调街道景观和功能，优化慢行连续遮阴，提升多层次和多样性的绿化配置。

规范要点：次干道的行道树绿带宽度不得小于 1.5m，且不得布置成开放式绿地。

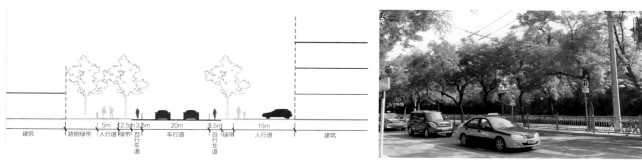

典型次干路公共空间剖面示意图　　　　　　　　北京景山后街

支路

基本要求：更新过程中，保障通行安全，改善慢行的畅通和舒适，绿化配置凸显生活性。

规范要点：中间一般不宜设置分车绿化带，应在两侧或一侧列植行道树。

典型支路公共空间剖面示意图　　　　北京国子监大街　　　　北京亮果厂胡同

规范平面布局

规范更新行道树定植株距，最小种植株距为 4m，行道树树干中心至路缘石外侧最小距离宜为 0.75m。

满足行车净空要求：规定在各种道路的一定宽度和高度范围内为车辆运行的空间，不得在该空间种植树木。具体范围应根据道路交通设计部门的数据确定。

道路交叉口视距三角形范围内，行道树绿带应采用通透式配置。在视距三角形内布置时，要使其高度不得超过 0.65~0.7m，宜选矮灌木丛生花草种植。

提升景观风貌

拓宽设计思路，更新设计观念，改变以绿篱、整形灌木色块为主的车带格局，突出地方特点和风格。

选择适宜的乡土树种，便于养护，可降低园林管护费用，且避免影响城市居民的出行及生活。

增加草本花卉与乔灌木进行搭配，形成统一的道路绿化带，在重点部位起点缀作用，用量不宜过多。

案例展示

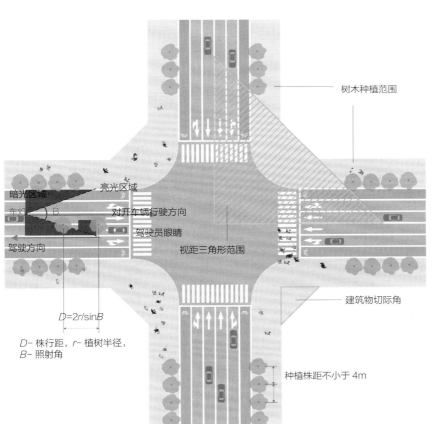

树木种植范围

$D=2r/\sin B$

D- 株行距，r- 植树半径，
B- 照射角

建筑物切际角

种植株距不小于 4m

十字路口行道树平面布局模式图

整合慢行空间，打造绿色出行：
北京鼓楼西大街

微修缮、微更新，保护老街历史文化：
北京鼓楼西大街

打造高品质文化休闲区，改善出行体验：
北京鼓楼西大街

6.2.4 街道绿色公共空间

交通主导类

设置有辅路时或采用高架形式时，两侧公共空间可采用较为开放的界面设计。

设置多样的隔离设施提升非机动车道的安全性，保证非机动车行驶畅通，阻车桩是有效阻止机动车违法占用人行道停车、保障行人路权的工程手段，其设置规范见下表。

非机动车道宜采用彩色铺装增加辨识度，尤其在与机动车流线产生冲突的区段。

绿化隔离带设置应保证非机动车道的视线开阔，以保证非机动车上的行人能同时关注到行人和机动车。

尽量保证道路双侧设置非机动车道，减小因逆行造成的交通事故风险。

综合杆应优化整体设计，小型化、减量化。提高视认性，同一杆件不宜超过 4 种标志。

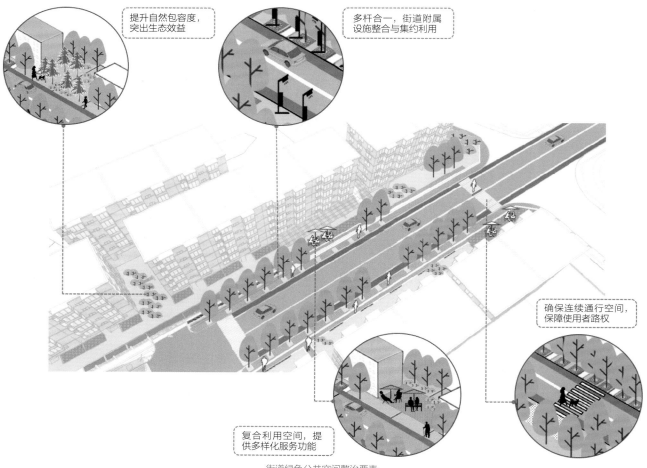

街道绿色公共空间整治要素

交通主导类设置规范

类型	设置规范
阻车桩	于道路交叉口、人行道坡化最低点处
	净距1.2~1.7m，均匀布设，路口不少于2个
	避让管线、检查井井盖等设施
	同一路段材质统一，人行道宽度弧长小于2m则不设置阻车桩
	距道路缘石内边缘的距离不宜小于 0.25m，且距离盲道边缘不宜小于0.25m
多杆合一	同一地点需要设置2块以上标志时，可安装在1个杆件上，但最多不宜超过4个。按禁令、指示、警告的顺序，先上后下、先左后右排列
	警告标志不宜多设。同一地点需要设置2个以上警告标志时，原则上只设置其中最需要的1个。同一位置设置多于2个禁令标志时，应组合设置
	在满足行业标准、功能要求和安全性的前提下，道路铭牌与导向牌应合杆

辅路旁开放界面示意图

多杆合一与阻车桩示意图

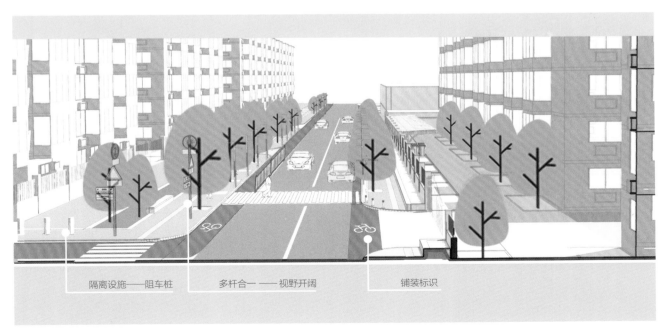

隔离设施——阻车桩　　　　多杆合一 —— 视野开阔　　　　铺装标识

街道绿色公共空间透视图

生活服务类

应考虑设置公交专用道和平面过街安全岛。

老城区停车空间紧缺的局部路段可通过道路边界面设置临时路侧停车位。

在行人和非机动车的过街通道进行地面画线或铺装，提醒机动车减速。

街道上的无障碍设施和衔接各类建筑与服务设施出入口的无障碍设施应设置引导标识。

立体过街设施宜与两侧公共建筑相连，形成连续完整的步行系统，并加装遮阳、挡雨等附属设施。

可利用街道空间进行临时性艺术展览、街头文艺演出、公共行为艺术活动等，丰富城市文化。

 公交专用道属于专用路权的一种，确保其不与其他机动车流线交叉，用铺装或画线作标识，保证其专用性。

公交车专用道

 不仅可供行人横穿道路临时停留，也用作行人穿越人行横道时避让车辆，以保证非机动车的过街安全，同时也可降低机动车速度。

过街安全岛

 非特殊情况一般不随意停车，停车位需要有更强的辨识性，以保证非机动车及行人的安全，且集约利用空间，安全停车。

临时路侧停车位

 通过划线提醒机动车在街道上减速慢行，避让行人，确保非机动车与行人的优先性，除此之外，也可用铺装、减速带。

地面减速线

 在街道上和各类建筑入口处设置明显的无障碍引导标识，合理组织街道设施位置，给特殊人群让出更多活动空间。

无障碍引导标识

 遮阳、挡雨等附属设施应具有连续性，使街道更加人性化，人流量不同的区域，需合理布置适宜尺度的遮阳篷。

街边遮阳篷

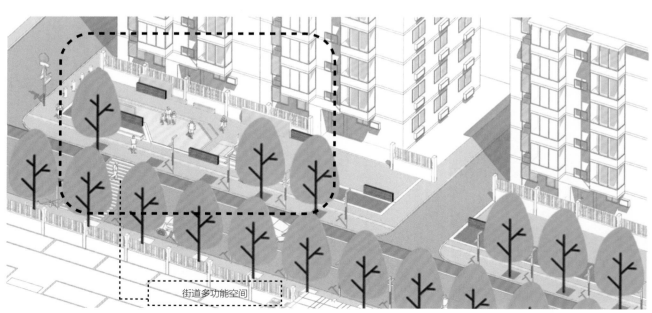

街道多功能空间

街道多功能空间示意图

街道空间多功能利用

除了各类交通使用人群，也应提升街道生活品质，塑造街道文化，丰富城市文化。积极利用较突出的节点和较大空间布置活动场地——临时艺术户外展览、街头文艺演出场地、公共行为艺术活动广场等，提倡一地多用、一景多面，高效率提升街道景观风貌。除此之外，活动场地应满足易进入、易通行、易停留等性质，在不影响原有各类人群流线的基础上，塑造多样化空间。

综合服务类

红线宽度较大时，采用四幅路（四块板）断面形式，红线内外一体化设计，宜种植乔木。红线宽度较小时，利用建筑前空间补充行人通行和活动空间。

各类人行入口应当易于识别，运用其他相关建筑元素，如门前台阶、雨篷、门前绿化等，结合周边情况形成凸出与收进。

进入步行空间的交通标志牌、店招等各类设施净空应大于 2.5m，避免妨碍行人的正常通行。

景观休闲空间内应设置休憩、餐饮、运动等相应活动设施，同时更新已有的设施，例如树箅子、座椅等。两侧宜形成连续的建筑界面和首层积极功能。

人行入口应当易于识别，门前栽植行道树，设置种植池、台阶等。

人行入口更新要素

进入步行空间的交通标志牌、店招等各类设施净空应大于 2.5m。

标识牌高度要求

景观休闲空间内应设置休憩等相应设施，更新原有设施，如树箅子。

休闲景观空间更新

红线宽度较大时，采用绿篱和乔木进行断面设计

红线宽度较小时，利用建筑前空间补充活动空间

静稳通过类

红线宽度较小且流量小时，可选择机非混行。

老城区停车空间紧缺时局部路段可设置临时路侧停车位。

在车流量小的支路采用减速铺装、抬升式过街人行道、减速板等静稳措施，打造更加安全、静稳的交通环境。

增加绿植与公共活动空间，布置充足的街道家具，提升街道的公共空间属性。

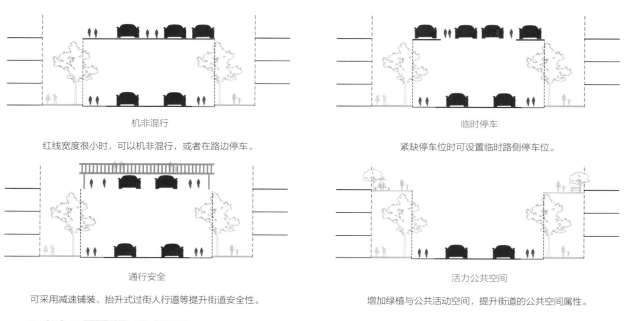

机非混行

红线宽度很小时，可以机非混行，或者在路边停车。

临时停车

紧缺停车位时可设置临时路侧停车位。

通行安全

可采用减速铺装、抬升式过街人行道等提升街道安全性。

活力公共空间

增加绿植与公共活动空间，提升街道的公共空间属性。

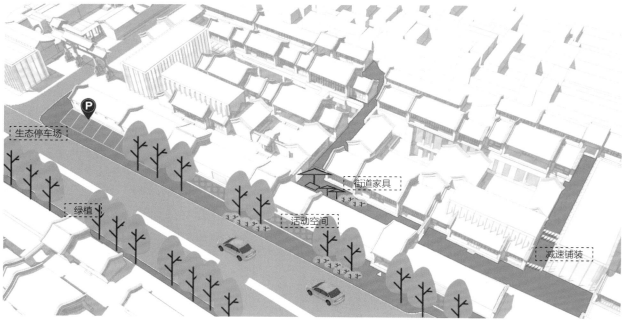

静稳通过类街道示意图

特色类

宽度大于 5m 的胡同，可组织机动车交通。

宽度小于 5m 的胡同宜设为慢行胡同，两侧不得施划机动车停车泊位，鼓励组织步行，形成特色文化路线。

宜在步行街上设置休憩与服务设施。

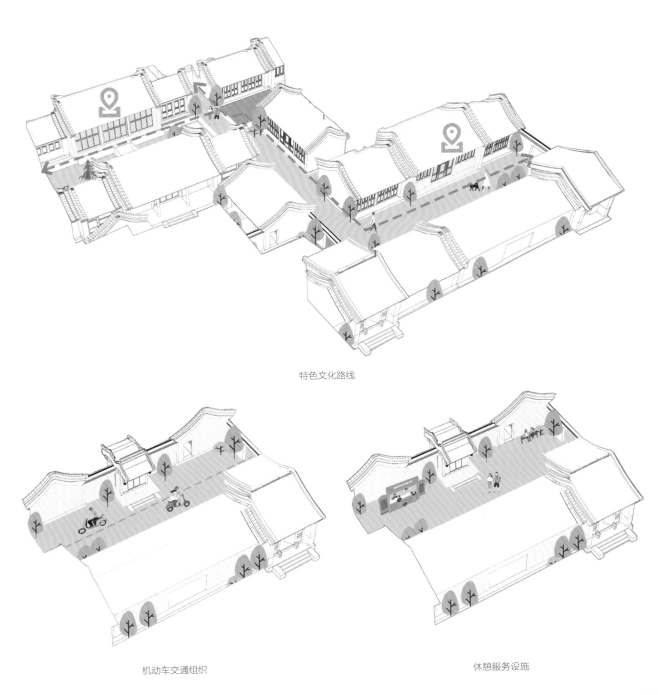

特色文化路线

机动车交通组织   休憩服务设施

案例展示

休憩服务设施较完善：北京南锣鼓巷街道

街道整洁，人行友好：北京三井胡同

交通组织情况良好：北京琉璃厂东街

为人行提供良好环境：北京草厂八条胡同

夜间照明好：北京烟袋斜街

绿化种植良好：北京东交民巷

6.2.5　桥下公共空间——高架桥桥下空间

丰富桥下空间功能利用

利用桥下空间的带状特征并考虑车行的净空要求，可将其作为市政设施、停车场等功能用地，以提高空间利用率。

高架桥下空间以硬质为主，可布置健身器械、乒乓球台等运动设施，增加开放空间活跃度，形成城市活力驻足点；可对桥下空间墙面、立柱进行艺术涂鸦，为城市增添艺术气息；亦可设置开敞的休闲游憩场地，置入城市家具与景观小品。

桥下公共空间风格需与核心区城市风貌相协调，宜凸显城市文化内涵，材料选择需考虑在阴暗潮湿环境中的适宜性。

案例展示——巴西圣保罗城市中心 Minhocao 高架桥下空间

保障桥下行人通行空间

增强周边联系

优化桥下立面风貌

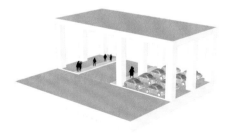
桥下停车功能示意图

桥下健身功能示意图

桥下休闲功能示意图

优化桥下空间生态

桥下公共空间更新过程中宜关注绿地景观的生态功能，可结合立体绿化，为立交桥体和立柱增绿。

6.2.6　桥下公共空间——人行天桥空间

提升桥体整体风貌

人行天桥可悬挂、放置花盆、花槽或花箱等绿化容器，花箱宜采用隐藏式的安装方式，与桥梁紧密结合，形成都市空中绿色长廊。

在植物的选择上应以抗性强的乡土树种为主，搭配环保材料营造所需景观效果。

人行天桥景观宜与核心区特色文化有机统一，打造独特的空中文化长廊，以加强对核心区文化的宣传。

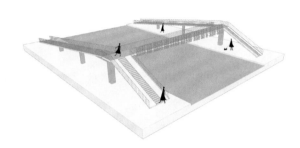

提升桥体风貌示意图

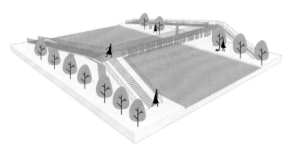

整理隔离绿化带示意图

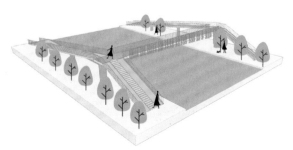

优化无障碍设施示意图

植物巧妙结合桥体进行雨水排放：深圳水围天桥

立面空间的塑造：以色利 Gdora 天桥

桥体的绿化分隔带：深圳"漂浮群岛"人行天桥

第7章

居住区型绿色公共空间

Residential Green Public Space

7.1　基本原则
Basic Principles

7.1.1　改造基本功能

优化交通组织

引导人车分流，划分明确的道路层次，可规划单向通行、慢行步道，合理设计机动车与非机动停车位充电桩。

利用废弃空间

盘活场地的废弃空间，重新组合设计，将其转换成为服务于居民日常生活的空间载体。

7.1.2　提升宜居品质

整治美化与老旧设施更新

整治美化，如清理堆积的废物垃圾，增设垃圾回收点，更换破旧地面铺装，丰富材料，选择合适颜色等。

丰富空间功能

考虑不同年龄层次、身体状况的居民需求，设置人群共享休闲空间，例如老年人群体、学龄前儿童群体、学生群体、工作群体以及弱势群体等。

植物环境营造

场地内原有绿地的绿地率，原则上只增不减。丰富植物景观的应用，充分利用植物观赏特性，进行色彩的组合与协调，创造季相景观，增加场地可识别性。对场地内的古树名木，应按照相关规范进行保护；禁止擅自移植砍伐，借用树干做支撑物；禁止在树冠外缘 3m 内挖坑取土、堆放危害树木物料、修建建筑物或构筑物。

7.1.3　活化场地氛围

打造场地特色

充分挖掘场地内涵，提炼主题，优化标识系统，增设具有地域景观特色的景观装置，提升居民的归属感。

促进人与人的交流

人际交往是人社会活动的重要组成部分，社区活动是促进居民交流的重要手段。可以设置文化展示长廊、蔬菜种植交流基地、棋牌广场等场地，增加居民的交流机会。

加强人与自然的交流

可利用植物认知园、蔬菜苗圃、生态认知基地等手段促进居民进一步认识了解自然，为儿童提供认知实践机会，同时满足老人种植需求。

7.1.4　促进公众参与

可以引导业主成立业主组织，形成自我维护、自我管理的模式；在进行居住区公共环境更新过程中，鼓励居民业主发挥主体主责作用，不断健全统筹协调居民参与、项目推进、长效管理等机制，引导居民参与设计，实现多元共治，最终使场地活化得到进一步的优化和保障。

7.2 更新空间类型
Type of Renewal Space

7.2.1 平房住宅公共空间——传统合院内部公共空间

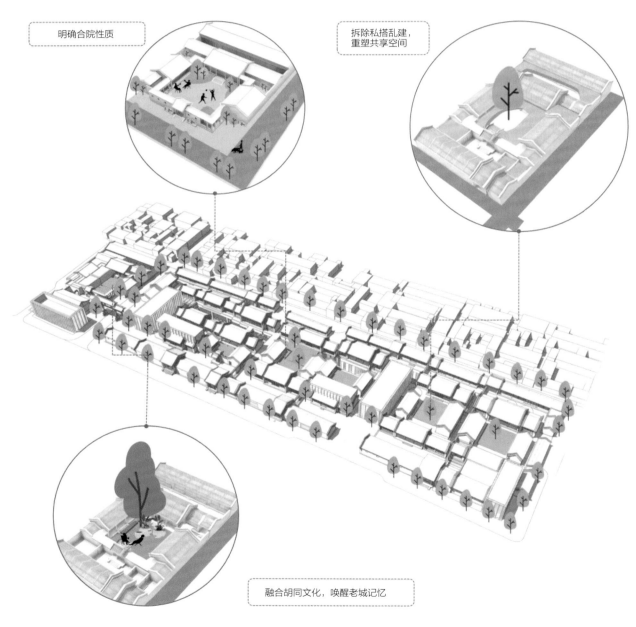

明确合院性质

拆除私搭乱建，
重塑共享空间

融合胡同文化，唤醒老城记忆

平房住宅公共空间——传统合院内部公共空间整治要素模式图

明确合院性质

实施保护性修缮和恢复性修建，打造"共生院"，探索多元化人居环境改善路径，引导功能有机更替、居民和谐共处。明晰产权，确定合院服务对象，根据不同的需求进行合理改造，如文化展示型、历史风貌型、私房风貌型、街区服务型等。

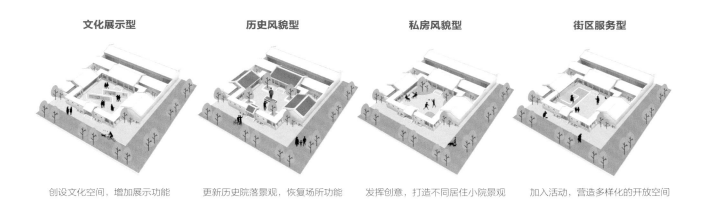

文化展示型	历史风貌型	私房风貌型	街区服务型
创设文化空间，增加展示功能	更新历史院落景观，恢复场所功能	发挥创意，打造不同居住小院景观	加入活动，营造多样化的开放空间

案例展示

北京茶儿胡同 8 号院	北京郭沫若故居	北京扭院儿	北京西打磨厂街 220 号四合院
北京茶儿胡同 8 号院通过植入微型艺术馆和图书馆的空间和功能使得"微杂院"成为四合院有机更新的另一种形态。	北京郭沫若故居，位于什刹海，陈列室展示郭老作品，还有工作室、会客厅、卧室厢房，院内留有郭沫若夫妇亲手栽种的银杏、牡丹。	北京扭院儿基于已有院落格局，利用起伏的地面连接室内外高差并延伸至房屋内部扭曲成为墙和顶，让内外空间产生新的动态关联。	北京西打磨厂街 220 号四合院立面与铝幕和玻璃幕墙结合，集合多种功能，转变为充满活力的开放社区。

融合胡同文化，重塑共享空间

保留时代更迭印记，合院是我国传统民居中一种独特的形式，是地域文化的一种展现，更新重要的一点是要融合场地历史记忆。

（1）利用原有场地景观：四合院中的原有景观是传统文化象征的缩影，例如庭院中的植物景观、图案装饰、题词、陈设器具等。这些都具有重要的记忆价值和文化价值，在新合院更新改造时，可以保护原有景观或者利用旧的景观表达新的内容，与四合院的新形式、新功能相适应。

（2）协调新材料和功能：在合院改造时，应避免对传统合院的照搬照抄，也应避免新材料功能的强硬置入。可以利用不同于原来形象的异形元素不失个性地融入场地，利用新材料时考虑使用传统技术，或者利用新技术表达传统合院要素，甚至新旧材料的融合。

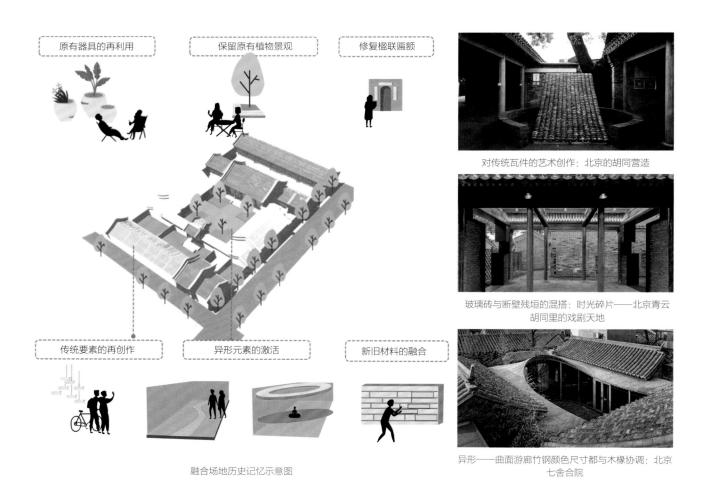

对传统瓦件的艺术创作：北京的胡同营造

玻璃砖与断壁残垣的混搭：时光碎片——北京青云胡同里的戏剧天地

异形——曲面游廊竹钢颜色尺寸都与木椽协调：北京七舍合院

原有器具的再利用　　保留原有植物景观　　修复楹联匾额

传统要素的再创作　　异形元素的激活　　新旧材料的融合

融合场地历史记忆示意图

拆除私搭乱建，重塑共享空间

四合院早已变为"大杂院"，应当拆除私搭乱建，恢复传统四合院基本格局，合理高效利用腾退房屋，完善配套功能，实施保护性和恢复性修建，重塑共享空间打造"共生院"，引导功能有机更替，延续公众生活习惯，促进居民和谐共处。

（1）改造基础设施并保留院落记忆点：保留院落空间，促进邻里交往，对院内基础设施进行改造，对其不足部分做更新，比如采取增设公用储藏柜、优化绿植摆放位置，规划自行车停放点、增加照明和无障碍扶手等措施；同时保证邻里生活交叉的限度，可保留场地内的古树和特殊的构筑物，作为激发记忆的兴奋点。

（2）增加内外交界模块或外部功能模块：利用合院内外交接处或合院建筑外院落空间，清理私搭乱建，按照需求嵌入生活、休憩、学习、工作等现代功能模块，将日常功能融合于合院空间，重塑合院的日常。通过这种对庭院的小规模干预，使居民之间的联系得到加强，同时丰富居民的日常生活。

传统合院内部公共空间更新模式

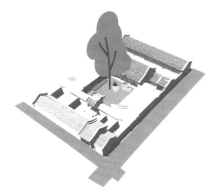

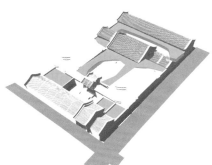

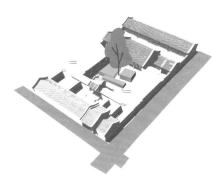

保留内部记忆点示意图　　　　　　　　新建内外部交界模块示意图　　　　　　　　新建外部功能模块示意图

案例展示

北京青云胡同 23-29 号院　　　　　　　北京草园　　　　　　　　北京茶儿胡同 8 号院

将合院内的一截枯死树干单独保留作为场地历史记忆点　　　在院落四围界面之畔，设一条向内的廊室，作为茶室　　　在合院住宅区设计多个公共共享小型空间

7.2.2　平房住宅公共空间——胡同公共空间

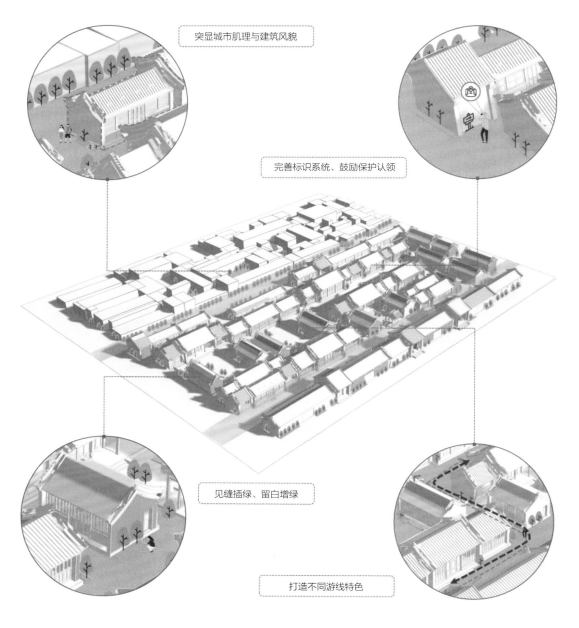

突显城市肌理与建筑风貌

完善标识系统、鼓励保护认领

见缝插绿、留白增绿

打造不同游线特色

平房住宅公共空间——胡同公共空间整治要素模式图

绿色空间整治

顶面空间

利用屋顶和廊架两种绿化方式，美化平屋顶建筑顶面空间。

立面空间

（1）利用攀援植物、悬挂吊篮、小型景观构筑装饰建筑外立面。

（2）标识系统、照明的设计应与整体建筑风貌相一致。

（3）结合影壁、绘画等提升胡同艺术感染力。

（4）市政与无障碍设施的选材、形式、色彩契合胡同建筑风格。

地面空间

利用植物容器或种植池形成各有特色的地面栽植，必要时结合一定的城市家具，营造风格统一的胡同风貌；规范胡同内的车辆停放，必要情况下依据胡同公共空间宽度分级限制交通，设计不同道路断面形式；铺地设计结合胡同建筑肌理，创造街区特色。

胡同公共空间整治策略

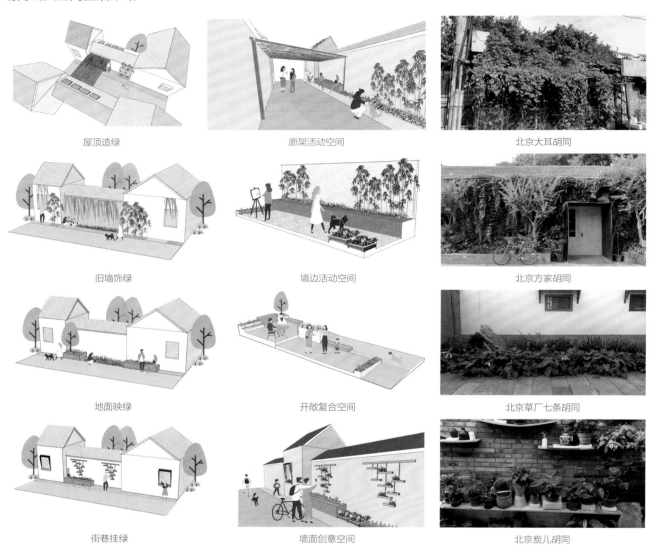

屋顶造绿　　　　　　　廊架活动空间　　　　　　　北京大耳胡同

旧墙饰绿　　　　　　　墙边活动空间　　　　　　　北京方家胡同

地面映绿　　　　　　　开敞复合空间　　　　　　　北京草厂七条胡同

街巷挂绿　　　　　　　墙面创意空间　　　　　　　北京炭儿胡同

7.2.3 平房住宅公共空间——平房院落公共空间

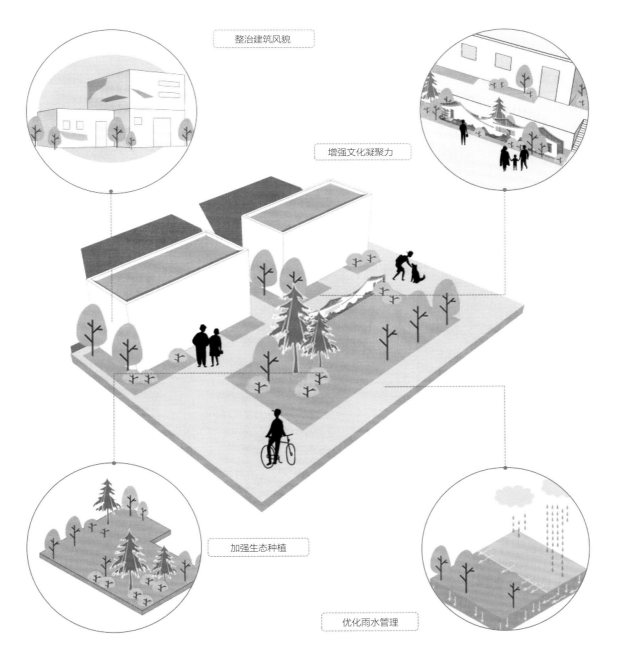

整治建筑风貌

增强文化凝聚力

加强生态种植

优化雨水管理

平房住宅公共空间——平房院落公共空间整治要素模式图

整治建筑风貌

（1）持续推进平房（院落）申请式退租，拆除违法建设，合理高效利用腾退房屋。管控绿地内的违法建筑，严格控制各类违法建设行为。

（2）严禁新增违法建设，逐步拆除、整治已经形成的违法建设。

（3）对剥落、破损的建筑外墙进行修补，协调建筑立面的防盗网、雨棚、空调箱和晾衣架色彩及形态，形成和谐统一的风格。

加强生态种植

（1）应合理布局院落绿化，通过立体绿化、宅旁绿化、屋顶绿化、公共空间绿化等多种方式增加院落空间绿量。

（2）应注意庭院的空间尺寸，选用适宜树种，与庭院的空间大小、建筑层数相称。

（3）应对裸露地面补植乔木、灌木、花卉等地被植物，适量增加树池。

（4）对原有树木（特别是古树名木）应加以保护和利用，并巧妙组织到绿地之内。

生态种植模式

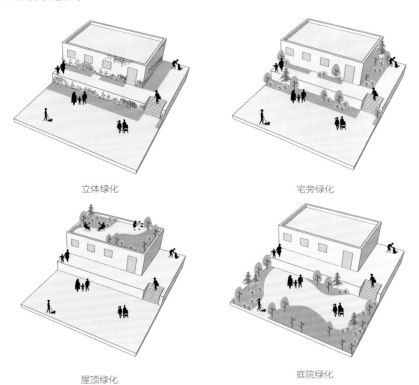

立体绿化

宅旁绿化

屋顶绿化

庭院绿化

屋顶绿化：北京北新桥街道平房院落

宅旁绿化：北京东四街道平房院落

庭院绿化：北京北新桥街道平房院落

优化雨水管理

（1）应充分利用自然地形和现状条件，解决低洼院落排水困难问题。

（2）可增设排水明沟和铺设雨水管线，实现雨水、污水分流，解决排水不畅、返流问题，更换管材，增加排水管管径和坡度，提高排水效率。

（3）可将原有绿地通过不移栽树木的情况改建成下凹式的渗水绿地、对原有院落路面改造成透水路面和增加渗水池收集雨水等措施，推进解决积水问题，优化雨水管理体系。

增强文化凝聚

（1）平房院落是城市生活的重要载体，见证了城市的发展历史，承载着城市的集体记忆。应传承历史文脉，延续岁月传承的邻里情感，重塑和谐邻里氛围，增强居民的责任感与归属感，创造良好邻里关系与人文环境。

（2）应实施保护性修缮和恢复性修建，打造"共生院"，探索多元化人居环境改善路径，引导功能有机更替、居民和谐共处。

案例展示

招幌制作文创设计

传承历史文脉：以传统招幌营造白塔寺宫门口东西岔传统商业街区的风貌是遵循历史风貌保护街区的文创再设计项目。

"朝花夕拾"旧物改造

延续邻里情感："白塔寺会客厅"通过"朝花夕拾"旧物改造人文环境营造活动，与居民共同搭建社区微花园、文化主题院落等公共空间和设施，加强了居民之间的交流沟通，提升了居民的社区归属感、认同感，在居民间形成了凝聚力。

7.2.4　社区附属公共空间——老旧小区公共空间

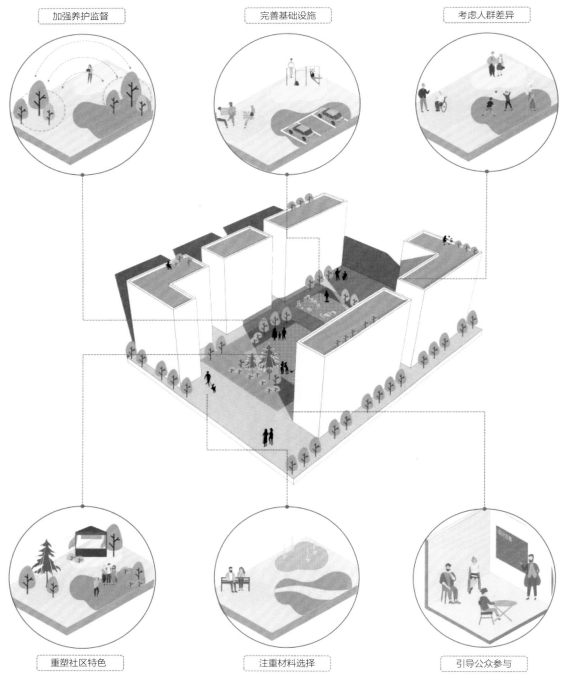

老旧小区公共空间整治要素模式图

完善基础设施

（1）应合理确定改造计划，持续完善项目储备库，将条件成熟的项目纳入实施范围，按照基础类、完善类和提升类进行改造，滚动实施。

（2）增设停车位，杜绝因停车位不够导致占用人行道、活动区现象；增加宣传栏、室外座椅等便民城市家具；改造绿化带，设置老年活动室、物业用房等活动区域。

（3）建立相关更新改造项目数据库，有计划地推动周期性改造。保留修缮品质有待提升的部分设施，并适量增加居民需求度较高的其他基础设施。

注重材料选择

（1）对公共空间进行优化提升时，应注重材料的安全性和耐久性，考虑长期的使用效果。

（2）居住区绿地应以植物造景为主进行布局。植物材料的选择和配置应使观赏、功能、经济三者结合起来，取得良好的效益。可利用植物材料分隔空间，增加层次，美化居住区的面貌。

（3）充分利用场地中原有的植物材料，在其基础上进行增减，营造丰富的植物景观。

老旧小区公共空间更新模式

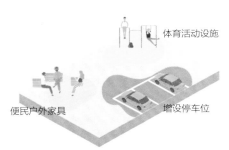

完善基础设施示意

设施材料示意

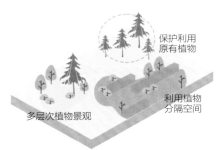

植物材料示意

智能自助洗车站：北京天坛街道永内东街东小区

智能充电柜示意图：北京天坛街道永内东街东小区

非机动车停车棚：北京栅栏街道厂甸 11 号院

加强养护监督

（1）应提高小区物业人员管理水平，强化施工、养护队伍，对相关从业人员素质应进行严格考核，实现并维护高品质的绿地空间。

（2）严格限制移植树木。如果因为特殊原因确需移植树木的，应当经园林绿化部门批准。《移植许可证》应当在移植现场公示，并接受公众监督。

（3）同一建设项目移植树木不满 50 株的，由区园林绿化部门批准；一次或者累计移植树木 50 株以上的，由市园林绿化部门批准。

（4）同一建设项目砍伐树木胸径小于 30cm 并且不满 20 株的，由区园林绿化部门批准；砍伐树木胸径 30cm 以上的，以及一次或者累计砍伐树木 20 株以上不满 50 株的，由市园林绿化部门批准；一次或者累计砍伐树木 50 株以上的，由市园林绿化部门报市人民政府批准。

（5）居住区旧区改建绿地率不宜低于 25%。居住街坊内集中绿地应满足不低于 0.35m²/ 人、宽度不小于 8m 的设计规范要求。

案例展示

北京大栅栏街道厂甸 11 号院

北京天坛东里小区

北京新街口街道玉桃园三区

北京新居东里小区

北京文兴东街 3 号院

北京光明社区

北京古城南路社区

北京三庙社区花园

北京北新桥街道民安小区

考虑人群差异

（1）应考虑小区中不同年龄阶段、不同身体状况人群的需求差异，营造老人友好型、儿童友好型、青年适宜型空间环境。

（2）应关注弱势群体，符合无障碍设施的配置要求，满足残障人士的活动需求。

引导公众参与

（1）限制宅旁绿地的无序、过度开发，增大居住区绿地中公共绿地和集中绿地占比，鼓励居民在公共空间进行互动交流，丰富居民文化娱乐生活，有序推动居住区活力提升。

（2）应深入开展群众工作，坚持居民自愿原则，发挥业主和业主委员会作用，充分调动居民参与改造的积极性。将老旧小区纳入社区治理范畴，通过改造同步健全小区长效管理机制。

重塑社区特色

在普遍绿化的基础上，注重艺术布局，把居民的日常生活与园林的观赏、游憩结合起来，使建筑艺术、园林艺术、文化艺术相结合，把物质文明与精神文明的建设结合起来。

无障碍与全龄友好开放空间

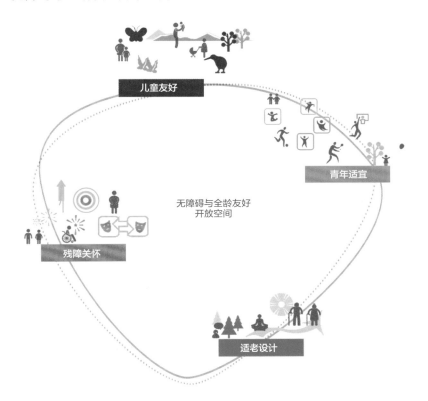

儿童友好：北京广内三庙小区

适老设计：北京广内三庙小区

残障关怀：北京广内三庙小区

第8章

其他附属型绿色公共空间

Other Ancillary Green Public Space

8.1　基本原则
Basic Principles

8.1.1　整体性原则

系统规划，点面结合

对于传统商圈、老旧工厂及产业园的景观规划设计，应当将更新的区域视作一个整体的系统，从城市的社会、经济、文化、城市规划、文物保护、建筑设计等各方面进行统筹，使更新后的公共空间成为城市公共开放空间的一个特色部分。

风貌把控，要素整合

在更新中若发现与整体风貌不相协调的建筑和局部，要及时进行调整，若不协调的对象是重点保护文物，则应运用景观设计的手法将其与周围环境融合或消隐起来，针对与整体风貌不协调的一般建筑或构筑应对其进行整改，以期达到整体风貌的和谐统一。

8.1.2　保护性原则

保护为主，融合为辅

对于历史悠久的商场、工厂，应重点保护其传统空间格局与风貌，根据《北京历史文化名城保护条例》《北京旧城 25 片历史文化保护区保护规划》等文件中的内容，明确保护目标，以此进一步找准保护及优化方向，以期达到更全面、系统、精准的提升效果。

尊重场所，因地制宜

在更新规划中，应当充分尊重场所原有的结构稳定性和景观格局，充分考虑更新对象周边环境的多样性，尽可能地实现对原有资源的改造再利用。针对场地内的古树名木，应按照相关规范进行保护；禁止擅自移植砍伐，借用树干做支撑物；禁止在树冠外缘 3m 内挖坑取土、堆放危害树木物料、修建建筑物或构筑物。对于场地原有的绿地率原则上做到只增不减，新建景观在景观结构、外形风格和功能上应与原场地和周围环境实现相互和谐。

8.1.3　生态性原则

生态低碳，资源节约

在更新规划时，应尽可能使用再生原料制成的材料，尽可能将原有的材料循环使用，最大限度发挥材料的余力，减少生产、加工、运输材料而消耗的能源，减少施工中的废弃物，尽量保留原有的建筑风貌、景观特点，实现园区景观的可持续发展。

8.1.4　实用性原则

以人为本，注重体验

城市的旧工业区更新后的主题发生了改变，由过去的工业生产转变为为人服务，因此其公共空间的营造应更多考虑人的行为活动，包括提供各种交流、娱乐、休憩等场所。包容人的需求，营造具有实用性的公共空间。

8.2　更新空间类型
Type of Renewal Space

8.2.1　传统商圈附属绿地

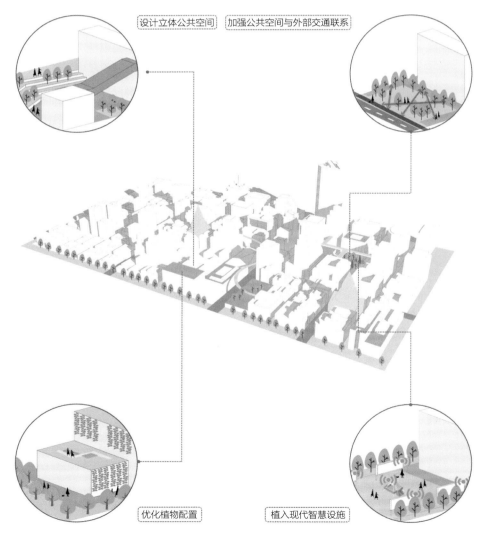

传统商圈附属绿地整治要素

增加立体空间

（1）建议传统商圈不同楼宇间用立体连廊连接，加强不同空间之间的可达性，可结合建筑连廊设计立体公共空间。

（2）集约土地利用，依托原有地形营造立体景观，丰富传统商圈附属公共空间的使用方式。

加强公共空间与外部交通联系

（1）加强公共空间内部交通系统和城市交通系统的连接，提高公共空间的可达性。

（2）加强商圈与周边旅游景点、文化场所、商务楼宇资源互动，促进商圈与市内交通、公共服务资源有效衔接，实现商圈与城市中心区、郊区新城、重点功能区、社区居民消费需求协同发展。

传统商圈附属绿地空间更新模式

立体交通示意

立体化交通的垂直连接，增加高度的可达性：杭州奥体万科中心

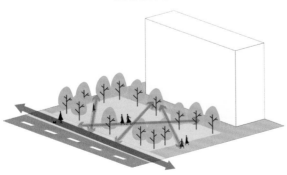

加强内外联系示意

内部交通系统和城市交通系统的连接，提高交通可达性：北京金融街中心广场

优化植物配置

（1）改善常绿树种和落叶树种配置，延长景观的观赏时间，增加彩叶树种与开花树种，营造季相景观。

（2）增加垂直绿化，把景观与建筑体相结合，利用建筑屋顶构造屋顶花园，拉近建筑使用者与自然景观间的距离。

智慧景观

（1）推动商圈数字化改造，丰富智能化场景应用。建设商圈大数据平台，运用大数据技术加强消费互动和运行监测，规范采集客流、车流、物流、资金流等数据。

（2）深化商业广场品牌塑造，传承区域文脉，打造新"IP"，满足人群情感需求。

传统商圈附属绿地空间更新模式

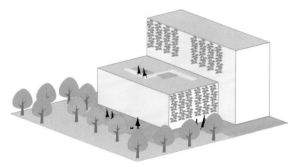

植物绿化示意

采用立体绿化，设置屋顶花园：杭州奥体万科中心

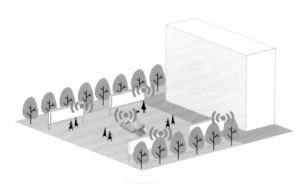

智慧景观示意

感应设备随参观者移动即时触发光影变幻：上海新天地

8.2.2　低效产业园及老旧厂房附属绿色公共空间

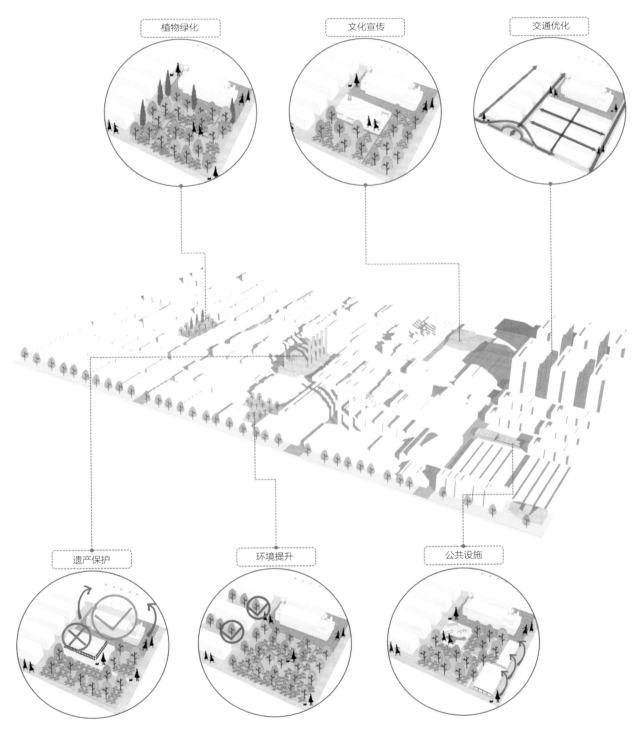

低效产业园及老旧厂房附属绿色公共空间整治要素

交通优化

采取以 TOD 模式为主导的发展模式，采用新能源或轨道交通的方式。完善路网结构；区分道路等级，按照园区的面积，大致可以分为城市次干路、城市支路、园区内车行道路、园区内步行道路。

文化宣传

（1）文化保留，凸显其文化历史价值。

（2）文化延续，充分了解园区内所有景观要素，合理改造建设，挖掘工业价值以外的人文、景观价值。

（3）数字化，贯通文化产业与文化事业新格局，利用多媒体加强园区文化传播力度。

植物绿化

通过植物的色彩形态、疏密、不同的种植方式、竖向设计等来体现绿化的层次；考虑季节变化，种植不同生长周期的植物；多用无毒安全的植物。

低效产业园及老旧厂房附属绿色公共空间更新模式

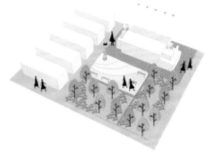
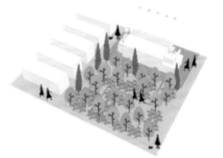

交通优化示意　　　　　　　　　　文化宣传示意　　　　　　　　　　植物绿化示意

道路分级，人车分流：北京中关村高端医疗器械产业园　　　凸显文化价值：河北衡水格雷服装产业园　　　丰富绿化层次：河北衡水格雷服装产业园

遗产保护

充分挖掘工业遗存的历史文化和时代价值，完善工业遗存改造利用政策，引导利用老旧厂房建设新型基础设施和公共空间，发展现代服务业等产业业态。

环境提升

低效产业园及老旧厂房环境较为恶劣，需设置一定面积绿地达到净化效果。补充地面绿植，强化自然生态特色，避免趋同现象的产生。

公共设施

（1）加强运动设施、社交设施与辅助设施的配置。

（2）健全满足各类人群需求的设施如适老性设施、儿童游戏设施、夜间照明设施。

（3）重视场地与设施配置的绝对值指标，各种类型公共设施设置区域应合理。

低效产业园及老旧厂房附属公共空间更新模式

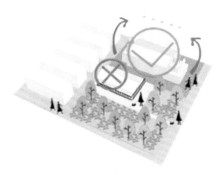

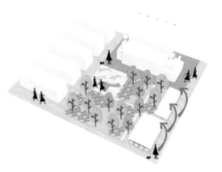

遗产保护示意　　　　　　　　　　环境提升示意　　　　　　　　　　公共设施示意

保护有价值遗产，其他设施更新再利用：中国宝武钢铁会博中心　　种植净化园区环境：河北衡水格雷服装产业园　　完善各项设施：河北衡水格雷服装产业园

下篇

实施管控

Implementation &Control

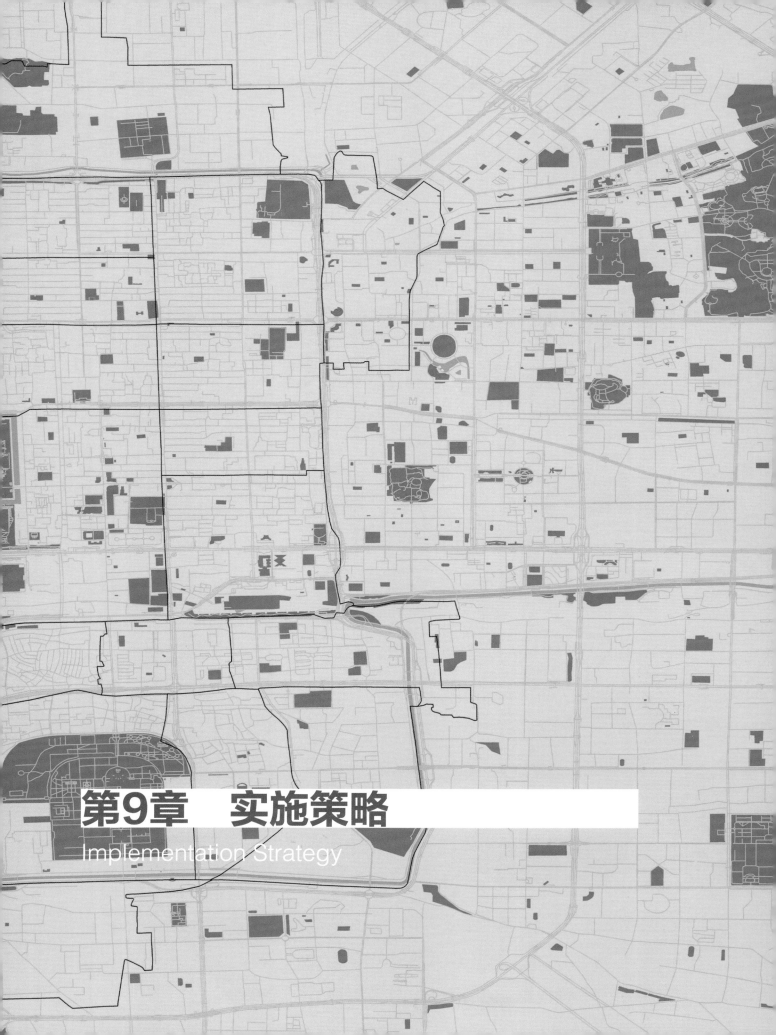

第9章　实施策略
Implementation Strategy

第9章

实施策略

Implementation Strategy

9.1　规划引导
Planning Guidance

9.1.1　坚持以街区为单元，统筹绿色公共空间更新

在更新中坚持以《北京市城市更新行动计划（2021—2025 年）》为引导，围绕城市功能再造、空间重塑、公共产品提供、人居环境改善、城市文化复兴、生态环境修复等方面对更新区域进行评估。梳理存在问题，科学划分更新单元，明确街区功能优化和环境品质提升目标，实现核心区绿色公共空间有机更新。制定各街区更新计划，整合各类空间资源，有针对性地补短板、强弱项；加强街区城市修补和生态修复，推动街区整体更新；加强街区公共空间景观设计建造，形成完善的公共空间体系；加强疏解腾退空间精细利用和边角地整治；加强公共服务设施、绿道蓝网、慢行系统的衔接，促进公园绿地开放共享，不断满足广大人民群众对美好生活的新需求。

9.1.2　实施多元参与模式，建立共治共享路径

坚持党建引领，鼓励居民、各类业主在城市更新中发挥主体主责作用，加强公众参与，建立多元平等协商共治机制，探索将城市更新纳入基层治理的有效方式，不断提高精治、共治、法治水平。在政府的支持下，通过社区管理者的组织与协调，开展社区培育，制定相关制度，并融入社会学、社会组织等多方人才进行共同协作，深入街区开展空间规划、更新模式探索、街区历史人文资源挖掘等工作，形成多元且互动的协作式更新团队。

9.1.3　推动集约内涵式发展，激发城市更新活力

在更新中推进资本、土地等要素优化配置，推动公共空间的集约型内涵式发展，活化存量空间，提升公共空间品质，激发城市更新活力。紧扣"七有"要求、"五性"需求，在更新中充分考虑市民需求的便利性、宜居性、安全性、公正性、多样性，补齐基础设施短板，提升公共空间的服务水平，完善城市功能，保障广大人民的根本利益。

9.1.4　协同联动专业力量，加强公共空间更新引导

公共空间更新应以科学化、艺术化为导向，社区管理者联合社会组织、社会公益团体等专业人士深入社区，开展艺术课堂、美物分享等活动，让居民从日常生活中认识美、发现美，提高居民的基础审美能力。同时，组建种植社团等学习组织，加强居民对绿色空间设计规划与维护管理的专业基础知识的学习，与此同时，以课堂的形式向居民普及相关养护知识，帮助居民对其所营造的绿色空间进行日常的维护管理。

9.1.5 强化智慧科技赋能，加速更新区域盘活复兴

在城市更新中综合运用区块链、5G、人工智能、物联网、新型绿色建材等新技术、新材料，以公共空间为载体，将智慧城市应用场景融入生活，提升更新区域的智能化管理和服务水平。结合互动装置、AR（增强现实）、VR（虚拟现实）、数字灯光秀等信息技术培育新兴消费模式，推动产业优化升级，促进更新地块的盘活复兴。

9.2 实施更新
Renewal Implementation

9.2.1 空间织补——形成绿色网络

对核心区内的绿色公共空间进行整合，增加公共空间的连通性，用绿道的形式将各个公共空间连接起来，进行空间的"织补"。公园绿地、街旁绿地等面状绿地作为绿色空间节点；道路绿地、滨河绿地等线性绿地组成绿道系统，二者共同构成一个公共绿色空间网络，将交通、游憩、景观、人群活动、基础服务设施等全部组织在其中，如同一张巨大的"绿网"，将核心区的公共空间整合在一起。

9.2.2 系统更新——增强片区功能

疏通绿色网络中的各个系统，通过梳理重要交通节点的公共空间、打通断头路、改造拥堵交叉口等，增强片区交通承载能力。通过建设公园绿地、城市绿道、小街巷改造等，塑造步行友好宜居社区。通过公共空间文化建设，展示特色文化魅力，增强片区文化服务功能。

9.2.3 局部更新——提升空间品质

一方面，要通过调研来充分挖掘潜力空间，如闲置用地、被私搭乱建占用的空间、封闭的附属绿地等。另一方面，对于不同类型的绿色空间，结合其场地特征，可以使用多种设计手法来合理安排功能、提高空间利用率。对于空间的利用，除了水平方向，还可以从垂直方向入手，比如垂直绿化、屋顶花园、立体绿化等。

9.2.4 功能转化——改造潜力空间

对于一些现状利用率较低，或者原有功能已废弃的用地，需要对用地进行功能转换与调整。对于功能单一的绿色空间，宜结合周边使用人群需求，增加多种功能。

9.2.5　持续优化——促进空间自更新

构建可持续的城市更新机制，在区域层面建立具有针对性的引导和激励政策，建立城市更新精细化管理系统。建立"调研—评估—决策—实施—管理"全生命周期管理系统，科学推进可持续城市更新。完善多主体协同的可持续城市更新参与机制，引导民众共同参与到更新中，形成渐进式的、多元参与的城市更新。

9.3　多方共建
Multi-Construction

9.3.1　资本引入

提高公共空间与其他产业的关联度，引入企业等社会资源共同参与，开发新的基金运作模式与运营管理模式，丰富上下游产业链投资和提高周转效率。在公共空间进行更新时，往往需要产业基金作支撑，一种是政府主导，一般由政府（通常是财政部门）发起，政府委托政府出资平台与银行、保险等金融机构以及其他出资人共同出资，合作成立产业基金的母基金，政府作为出资人，承担主要风险。除此之外还可采取政府与选定的社会资本签署合作协议（PPP 模式）、股权投资基金模式、收益信托模式等参与共建，也可推动在地居民与商家合作共建，促进资本与资产形成合理有效的良性循环。

9.3.2　政府组建

通过政府搭建平台，统筹多方参与主体，探索"政府—智库—企业—民众"的联动实施机制。在政府的支持下，汇集专家组成智库，搭建国际型专家智库平台，聘请专项责任园林师。明确好各方在公共空间更新过程中的责任与位置，保障各主体权益，使公共空间更新流程清晰化。

9.3.3　社区介入

鼓励社区人才社团与社会组织参与。组建以社区管理者为促成者，社会组织为参与者，多学科专业人才为指导者，居民为主体及使用者的多元化核心区公共空间更新组织架构。鼓励各大更新场景中的业主、居民在更新过程中发挥主体宝贵作用，加强公众参与。

9.3.4　建设公开

多方共建型公共空间更新工作前期、中期与后期，注重线上、线下多种途径向大众宣传科普微更新相关知识，进行民意调研与沟通工作，提升居民对公共空间更新活动的认知与参与的积极性。同时创新美化宣传发动工作，充分利用网络和新媒体的优势，打造有北京特色和规范影响力的新媒体宣传平台，引导和鼓励社会各界以多种方式参与首都园林绿化建设，加强成果的多方位宣传。

9.4 机制保障
Guarantee Mechanism

9.4.1 建设机制

充分发挥居民的自发性，首先要制定相应的法规制度来保障居民的权利，明确各主体开展更新的程序，在强调公共部门有权利实施以公共利益为导向的公共空间更新活动的同时，应充分考虑私有产权所有者的利益。完善更新工作机制，加强部门联动和社会参与。建立多部门统筹协调的城市更新联动机制，制定协同框架，明确各部门职责。

9.4.2 监管机制

为保证绿色公共空间整体景观风貌的和谐统一，保障各方权益，需成立社区自治团体，并建立监管维护机制，由社区管理者发动居民组成义务种植管护者，激发居民对自主营造的公共空间质量与邻里社区关系的提高。健全更新后绿地的养护管理责任。在用好疏解腾退空间，抓好拆违复绿、留白增绿、见缝插绿的同时，也要明确更新后绿地养护的责任单位，例如更新对象的大部分地块为附属绿地，须确保相关权属单位做好绿地的养护管理或移交，保障绿色空间的生态服务品质。

9.4.3 公共空间分时段团体轮换维护机制

鼓励社会资本、专业团体、第三方机构、社区和居民充分参与城市更新，不断发挥政府主导、社会参与、共建共享、群策群力的城市更新良性机制。可根据社区维护员、社区居民和自治团的不同时间来进行分段维护，在节省时间的同时，提高对绿色公共空间的维护效率，保证绿色公共空间的质量。

9.4.4 区域认领自主维护机制

社区管理者对居民进行引导、辅助和监督，并按照区域等一定标准进行划分。在具有专业性与制度性的基础上将自主营造型公共空间的营造与维护系统化，不断加强居民自主营造型公共空间的归属感与认同感，培育良性发展的居民自治体系。

9.4.5 奖惩机制

应制定引导和鼓励"自主更新"的规章，以奖惩办法为主，激励居民。鼓励社区建立"花友会"等相关社团组织、兴趣小组，主动挖掘社区能人，定期开展最美微花园、社区园艺家、便民公共空间等相关评优活动，为街区居民起到公共空间更新示范作用。

附录一 引导规范 Guidelines

1 古树名木保护管理及树木移植砍伐引导规范

Guidelines for Protection and Management of Ancient and Famous Trees and Tree Transplanting

1.1 古树名木保护管理引导规范

古树名木保护管理引导规范表

引导规范	参考依据
古树，是指树龄在百年以上的树木。凡树龄在三百年以上的树木为一级古树；其余的为二级古树。 名木，是指珍贵、稀有的树木和具有历史价值、科学价值、纪念意义的树木	《北京市古树名木保护管理条例》（1998年8月1日起施行）
古树名木树冠垂直投影之外3m界内为其保护范围。由于历史原因造成保护范围和空间不足的，应在城市建设和改造中予以调整完善	
古树名木保护范围内，地上不应进行挖坑取土、动用明火、排放烟气废气、倾倒污水污物、修建建筑物或者构筑物等危害树木生长的行为。各类生产、生活设施，应避开古树名木	
古树名木保护范围内，地下不应动土	

1.2 树木移植砍伐引导规范

树木移植砍伐引导规范表

引导规范	参考依据
同一建设项目移植树木不满50株的，由区园林绿化部门批准； 一次或者累计移植树木50株以上的，由市园林绿化部门批准	《北京市绿化条例》（2010年3月1日起施行）
同一建设项目砍伐树木胸径小于30cm并且不满20株的，由区园林绿化部门批准； 砍伐树木胸径30cm以上的，以及一次或者累计砍伐树木20株以上不满50株的，由市园林绿化部门批准； 一次或者累计砍伐树木50株以上的，由市园林绿化部门报市人民政府批准	

2　居住区绿地更新引导规范

Guidelines for the Renewal of Residential Green Space

居住区绿地更新引导规范

居住区绿地更新引导规范表

引导规范	参考依据
新建居住绿地内的绿色植物种植面积占陆地总面积的比例不应低于70%；改建提升的居住绿地内的绿色植物种植面积占陆地总面积的比例不应低于原指标	《居住绿地设计标准》CJJ/T 294—2019
居住区绿地应为居民提供宜居优美的生活环境和良好可持续的生态环境。应考虑居民居住及使用的安全性。应因地制宜，按照植物的生长习性进行设计，采取以植物群落为主，乔木、灌木和草坪地被植物相结合的多种植物配置形式，并考虑季相变化。合理确定常绿植物和落叶植物的种植比例，宜适当增加落叶树的比例，常绿乔木与落叶乔木种植数量的比例宜控制在1:5~1:8。乔木、灌木的种植面积占绿化面积的比例宜大于70%，非林下草坪、地被植物种植面积比例宜小于30%。应兼顾近期远期效果，慢长树所占比例宜大于树木总量的40%。绿地设计应考虑俯瞰效果，绿篱、色块形式宜简洁	《居住区绿地设计规范》DB11/T 214—2016

3　交通附属绿地更新引导规范

Guidelines for the Renewal of Green Space Attached to Transportation

3.1　阻车桩与多杆合一更新引导规范

阻车桩与多杆合一更新引导规范表

类型	设置规范
阻车桩	于道路交叉口、人行道坡化最低点处
	净距1.2~1.7m，均匀布设，路口不少于2个
	避让管线、检查井井盖等设施
	同一路段材质统一，人行道宽度弧长小于2m则不设置阻车桩
	距道路路缘石内边缘的距离不宜小于0.25m，且距离盲道边缘不宜小于0.25m
多杆合一	同一地点需要设置2块以上标志时，可安装在1个杆件上，但最多不宜超过4个。按禁令、指示、警告的顺序，先上后下、先左后右排列
	警告标志不宜多设。同一地点需要设置2个以上警告标志时，原则上只设置其中最需要的1个。同一位置设置多于2个禁令标志时，应组合设置
	在满足行业标准、功能要求和安全性的前提下，道路铭牌与导向牌应合杆

3.2 道路公共空间更新规范

快速路公共空间更新规范表

类型	规格	要点	参考依据
两侧绿化分车带	1.2~1.5m	种植应以灌木为主，宜灌木、地被植物相结合	《城市道路绿化设计标准》CJJ 75—2023
	>1.5m	种植应以乔木为主，宜乔木、灌木、地被植物相结合	
中间绿化分车带	>1.5m	在距相邻机动车道路面高度0.6~1.5m之间，配置植物的树冠应常年枝叶茂密，其株距不得大于冠幅的5倍，以阻挡相向行驶车辆的眩光	

主干路公共空间更新规范表

类型	规格	要点	参考依据
两侧绿化分车带	<2.5m	应布置成封闭式绿地，若被人行横道或道路出入口断开，其端部应采取通透式配置	《城市道路绿化设计标准》CJJ 75—2023
路侧绿带	2.5~8m	宜种灌木、绿篱及攀援植物以美化建筑物。种植一定保证植物与建筑物的最小距离，保证室内的通风和采光	
	>8m	可采用微地形处理，增加植物对雨水的利用	

次干路公共空间更新规范表

类型	规格	要点	参考依据
行道树绿带	≥1.5m	种植宜协调街道景观和功能，优化慢行连续遮阴，提升多层次和多样性的绿化配置	《城市道路绿化设计标准》CJJ 75—2023

3.3 绿地更新规范

交通岛绿地更新规范表

引导规范	参考依据
交通岛周边的植物配置宜增强导向作用，在行车视距范围内应采用通透式配置。 中心岛绿地应保持各路口之间的行车视线通透，布置成装饰绿地。 立体交叉绿岛应种植草坪等地被植物。草坪上可点缀树丛、孤植树和花灌木，以形成疏朗开阔的绿化效果。桥下宜种植耐阴地被植物。墙面宜进行垂直绿化。 导向岛绿地应配置地被植物	《城市道路绿化设计标准》CJJ 75—2023
交通岛植物的高度，自圆心向周边逐渐降低，在视距三角形内高度不得超过0.65~0.7m	《城市道路交通设施设计规范（2019版）》GB 50688—2011

停车场绿地更新规范表

引导规范	参考依据
停车场周边应种植高大庇阴乔木，并宜种植隔离防护绿带；在停车场内宜结合停车间隔带种植高大庇阴乔木	《城市道路绿化设计标准》CJJ 75—2023
停车场种植的庇阴乔木可选择行道树种。其树木枝下高度应符合停车位净高度的规定：小型汽车为2.5m；中型汽车为3.5m；载货汽车为4.5m	《城市道路绿化设计标准》CJJ 75—2023

附录二　术语　Glossary

绿色公共空间

北京市核心区对公众开放的具有休憩、观光、健身、交往等户外公共活动功能的绿色公共空间，由各种开敞空间和绿色基础设施组成。包含公园、滨河绿地、城市森林公园、口袋公园、城市广场等市政型绿色公共空间；火车站附属绿地、环岛绿地、分车绿化带、街道公共空间、桥下公共空间等交通型绿色公共空间；平房住宅区和社区附属类居住区型绿色公共空间以及传统商圈、老旧工厂及低效产业园等其他类型用地附属的绿色公共空间。

核心区

北京市功能核心区的范围包括东城区和西城区两个行政区，总面积 92.5km^2。

慢行系统

慢行系统主要包含步行道、跑步道、骑行道三种类型，具备沿街观景、休闲健身、绿色出行、文化展示等功能。步行道主要是指满足人们在核心区公共空间散步需要的连续通道，连通核心区的主要活动场地。跑步道主要是指满足人们在核心区公共空间跑步、竞走等健身活动需要的连续通道，具有一定的宽度、坡度和标识要求。骑行道主要是指满足人们在核心区公共空间开展休闲自行车活动需要的连续通道，可结合市政道路的非机动车道布置，具有一定的宽度、坡度和标识要求。除与市政道路结合外，骑行道禁止借助机动车道通行。

绿色基础设施

一个相互联系的绿色空间网络，包括绿道、湿地、雨水花园、森林、乡土植被等，这些要素组成一个相互联系、有机统一的网络系统。该系统可为野生动物迁徙和生态过程提供起点和终点，系统自身可以自然地管理暴雨，减少洪水的危害，改善水的质量，节约城市管理成本。

安全型绿色公共空间

能提供相对私密的环境，并考虑安全防卫，给人安全感的户外公共空间。

开放型绿色公共空间

开放的、能够满足人们开展群体和个体活动的、公众可达的户外公共空间。

生态型绿色公共空间

以绿色资源为基础的城市公共开放空间，使大众可以享受户外休养、游憩、观赏、散步、健身、运动等，保持城市居民的健康，增进身心的调节。

人文型绿色公共空间

将地方文化元素融入其中，形成统一的文化景观格局， 是一个城市文化和品位的展示窗口，是居民和游客休闲交流的空间。

宜人型绿色公共空间

城市中面积偏小的、具有休憩功能的小型绿地。其功能主要以游憩为主，在城市密集中心区为人群提供便捷、宜人的休憩环境。

活力型绿色公共空间

为人们提供休憩、娱乐或进行科教文化活动的户外公共空间，具有充分的活力。

市政型绿色公共空间

城市公共服务产品供给、生态宜居环境营造的重要区域，亦是涉及城市空间更新与产业转型、生态环境与品牌文化的示范性载体，对城市居民生活品质提升具有重要意义。

交通型绿色公共空间

城市绿地系统中的重要组成部分，是以交通为载体的公共空间。交通型附属绿地既包括综合交通枢纽绿地、交通绿地环岛、分车绿化带、桥下公共空间等，也包括道路向两侧延伸到建筑等的街道公共空间。

居住区型绿色公共空间

住宅小区、居民住宅房前屋后等居住用地范围内，除住宅建筑、公共设施、步行及车行道路外能为居民提供游憩环境的活动场地。

附录三　推荐植物　Recommended Plants

1　市政型公共空间植物推荐

1.1　公园绿地

公园绿地推荐乔木类植物表

序号	中文名	拉丁学名
1	国槐	*Sophora japonica*
2	刺槐	*Robinia pseudoacacia*
3	栾树	*Koelreuteria paniculata*
4	柽柳	*Tamarix chinensis*
5	杜梨	*Pyrus betulifolia*
6	蒙椴	*Tilia mongolica*
7	玉兰	*Magnolia denudata*
8	山杏	*Armeniaca sibirica*
9	山桃	*Prunus davidiana*
10	旱柳	*Salix matsudana*
11	绦柳	*Salix matsudana*
12	桑树	*Morus alba*
13	银杏	*Ginkgo biloba*
14	楸树	*Catalpa bungei*
15	紫叶李	*Prunus cerasifera* 'Atropurpurea'
16	洋白蜡	*Fraxinus pennsylvanica*
17	悬铃木	*Platanus orientalis*
18	丝棉木	*Euonymus maackii*
19	七叶树	*Aesculus chinensis*
20	流苏树	*Chionanthus retusus*
21	君迁子	*Diospyros lotus*
22	五角枫	*Acer pictum*
23	元宝枫	*Acer truncatum*
24	暴马丁香	*Syringa reticulata*
25	西府海棠	*Malus micromalus*
26	油松	*Pinus tabuliformis*
27	雪松	*Cedrus deodara*
28	云杉	*Picea asperata*
29	侧柏	*Platycladus orientalis*
30	圆柏	*Juniperus chinensis*
31	白皮松	*Pinus bungeana*
32	华山松	*Pinus armandii*

公园绿地推荐灌木类植物表

序号	中文名	拉丁学名
1	紫荆	*Cercis chinensis*
2	猬实	*Kolkwitzia amabilis*
3	溲疏	*Deutzia scabra*
4	鸡麻	*Rhodotypos scandens*
5	碧桃	*Amygdalus persica*
6	樱花	*Cerasus* sp.
7	连翘	*Forsythia suspensa*
8	迎春	*Jasminum nudiflorum*
9	棣棠	*Kerria japonica*
10	月季	*Rosa chinensis*
11	木槿	*Hibiscus syriacus*
12	卫矛	*Euonymus alatus*
13	忍冬	*Lonicera japonica*
14	黄栌	*Cotinus coggygria*
15	铺地柏	*Sabina procumbens*
16	沙地柏	*Juniperus sabina*
17	榆叶梅	*Amygdalus triloba*
18	紫丁香	*Syringa oblata*
19	金银木	*Lonicera maackii*
20	锦带花	*Weigela florida*
21	红瑞木	*Cornus alba*
22	黄刺梅	*Rosa xanthina*
23	珍珠梅	*Sorbaria sorbifolia*
24	太平花	*Philadelphus pekinensis*
25	绣线菊	*Spiraea salicifolia*
26	香荚蒾	*Viburnum farreri*
27	接骨木	*Sambucus williamsii*
28	天目琼花	*Viburnum opulus*
29	平枝栒子	*Cotoneaster horizontalis*
30	贴梗海棠	*Chaenomeles speciosa*
31	金叶女贞	*Ligustrum × vicaryi*
32	紫叶小檗	*Berberis thunbergii*
33	小叶黄杨	*Buxus sinica*
34	大叶黄杨	*Buxus megistophylla*

公园绿地推荐地被类植物表

序号	中文名	拉丁学名
1	玉簪	*Hosta plantaginea*
2	麦冬	*Ophiopogon japonicus*
3	鸢尾	*Iris tectorum*
4	石竹	*Dianthus chinensis*
5	马蔺	*Iris lactea*
6	金光菊	*Rudbeckia laciniata*
7	天人菊	*Gaillardia pulchella*
8	白三叶	*Trifolium repens*
9	结缕草	*Zoysia japonica*
10	高羊茅	*Festuca elata*
11	紫花地丁	*Viola philippica*
12	大花滨菊	*Chrysanthemum maximum*
13	八宝景天	*Hylotelephium erythrostictum*
14	大花萱草	*Hemerocallis hybrida*
15	宿根福禄考	*Phlox paniculata*
16	草地早熟禾	*Poa pratensis*

1.2 口袋公园

口袋公园推荐乔木类植物表

序号	中文名	拉丁学名
1	银杏	*Ginkgo biloba*
2	垂柳	*Salix babylonica*
3	旱柳	*Salix matsudana*
4	刺槐	*Robinia pseudoacacia*
5	国槐	*Sophora japonica*
6	栾树	*Koelreuteria paniculata*
7	杜仲	*Eucommia ulmoides*
8	玉兰	*Magnolia denudata*
9	山桃	*Prunus davidiana*
10	杜梨	*Pyrus betulifolia*
11	洋白蜡	*Fraxinus pennsylvanica*
12	元宝枫	*Acer truncatum*

续表

序号	中文名	拉丁学名
13	紫叶李	*Prunus cerasifera* 'Atropurpurea'
14	悬铃木	*Platanus orientalis*
15	金叶榆	*Ulmus pumila*
16	西府海棠	*Malus micromalus*
17	油松	*Pinus tabuliformis*
18	圆柏	*Juniperus chinensis*
19	白皮松	*Pinus bungeana*
20	华山松	*Pinus armandii*

口袋公园推荐灌木类植物表

序号	中文名	拉丁学名
1	碧桃	*Amygdalus persica*
2	紫薇	*Lagerstroemia indica*
3	木槿	*Hibiscus syriacus*
4	迎春	*Jasminum nudiflorum*
5	樱花	*Cerasus* sp.
6	连翘	*Forsythia suspensa*
7	太平花	*Philadelphus pekinensis*
8	紫荆	*Cercis chinensis*
9	珍珠梅	*Sorbaria sorbifolia*
10	榆叶梅	*Amygdalus triloba*
11	碧桃	*Amygdalus persica*
12	棣棠	*Kerria japonica*
13	平枝栒子	*Cotoneaster horizontalis*
14	紫丁香	*Syringa oblata*
15	猬实	*Kolkwitzia amabilis*
16	糯米条	*Abelia chinensis*
17	月季	*Rosa chinensis*
18	凤尾兰	*Yucca gloriosa*
19	小叶黄杨	*Buxus sinica*
20	大叶黄杨	*Buxus megistophylla*

口袋公园推荐地被类植物表

序号	中文名	拉丁学名
1	白三叶	*Trifolium repens*
2	玉簪	*Hosta plantaginea*
3	鸢尾	*Iris tectorum*
4	马蔺	*Iris lactea*
5	紫花地丁	*Viola philippica*
6	大花萱草	*Hemerocallis hybrida*
7	草地早熟禾	*Poa pratensis*
8	结缕草	*Zoysia japonica*

1.3 城市广场

城市广场推荐乔木类植物表

序号	中文名	拉丁学名
1	玉兰	*Magnolia denudata*
2	悬铃木	*Platanus orientalis*
3	元宝枫	*Acer truncatum*
4	山桃	*Prunus davidiana*
5	山杏	*Armeniaca sibirica*
6	银杏	*Ginkgo biloba*
7	洋白蜡	*Fraxinus pennsylvanica*
8	西府海棠	*Malus micromalus*
9	紫叶李	*Prunus cerasifera* 'Atropurpurea'
10	西府海棠	*Malus micromalus*
11	七叶树	*Aesculus chinensis*
12	鹅掌楸	*Liriodendron chinensis*
13	油松	*Pinus tabuliformis*
14	华山松	*Pinus armandii*
15	雪松	*Cedrus deodara*

城市广场推荐灌木类植物表

序号	中文名	拉丁学名
1	樱花	*Magnolia denudata*
2	碧桃	*Amygdalus persica*
3	紫薇	*Lagerstroemia indica*
4	木槿	*Hibiscus syriacus*
5	连翘	*Forsythia suspensa*
6	迎春	*Jasminum nudiflorum*
7	月季	*Rosa chinensis*
8	金银木	*Lonicera maackii*
9	太平花	*Philadelphus pekinensis*
10	榆叶梅	*Amygdalus triloba*
11	棣棠	*Kerria japonica*
12	紫丁香	*Syringa oblata*
13	红瑞木	*Cornus alba*

城市广场推荐地被类植物表

序号	中文名	拉丁学名
1	麦冬	*Ophiopogon japonicus*
2	白三叶	*Trifolium repens*
3	高羊茅	*Festuca elata*
4	结缕草	*Zoysia japonica*
5	草地早熟禾	*Poa pratensis*
6	大花萱草	*Hemerocallis hybrida*
7	鸢尾	*Iris tectorum*
8	宿根福禄考	*Phlox paniculata*

1.4　城市森林公园

城市森林公园推荐乔木类植物表

序号	中文名	拉丁学名
1	槲栎	*Quercus aliena*
2	黄栌	*Cotinus coggygria*
3	栾树	*Koelreuteria paniculata*
4	元宝枫	*Acer truncatum*
5	毛白杨（♂）	*Populus tomentosa*

续表

序号	中文名	拉丁学名
6	绦柳（♂）	*Salix matsudana*
7	臭椿	*Ailanthus altissima*
8	榆树	*Ulmus pumila*
9	绒毛白蜡	*Fraxinus velutina*
10	国槐	*Sophora japonica*
11	旱柳	*Salix matsudana*
12	柽柳	*Tamarix chinensis*
13	桑树	*Morus alba*
14	山杏	*Armeniaca sibirica*
15	山桃	*Prunus davidiana*
16	杜仲	*Eucommia ulmoides*
17	悬铃木	*Platanus orientalis*
18	玉兰	*Magnolia denudata*
19	栓皮栎	*Quercus variabilis*
20	七叶树	*Aesculus chinensis*
21	君迁子	*Diospyros lotus*
22	丝棉木	*Euonymus maackii*
23	油松	*Pinus tabuliformis*
24	侧柏	*Platycladus orientalis*
25	圆柏	*Juniperus chinensis*
26	华山松	*Pinus armandii*

城市森林公园推荐灌木类植物表

序号	中文名	拉丁学名
1	沙地柏	*Juniperus sabina*
2	铺地柏	*Sabina procumbens*
3	月季	*Rosa chinensis*
4	棣棠	*Kerria japonica*
5	迎春	*Jasminum nudiflorum*
6	黄刺玫	*Rosa xanthina*
7	珍珠梅	*Sorbaria sorbifolia*
8	红瑞木	*Cornus alba*
9	香荚蒾	*Viburnum farreri*

序号	中文名	拉丁学名
10	金银木	*Lonicera maackii*
11	樱花	*Cerasus* sp.
12	碧桃	*Amygdalus persica*
13	榆叶梅	*Amygdalus triloba*
14	紫叶小檗	*Berberis thunbergii*
15	耧斗菜	*Aquilegia viridiflora*
16	鸢尾	*Iris tectorum*
17	马蔺	*Iris lactea*
18	射干	*Belamcanda chinensis*

城市森林公园推荐地被类植物表

序号	中文名	拉丁学名
1	二月兰	*Orychophragmus violaceus*
2	紫花地丁	*Viola philippica*
3	麦冬	*Ophiopogon japonicus*
4	玉簪	*Hosta plantaginea*
5	野牛草	*Buchloe dactyloides*
6	涝峪苔草	*Carex giraldiana*
7	青绿苔草	*Carex breviculmis*
8	草地早熟禾	*Poa pratensis*
9	高羊茅	*Festuca elata*
10	白三叶	*Trifolium repens*

1.5 滨河绿地

滨河绿地推荐乔木类植物表

序号	中文名	拉丁学名
1	水杉	*Metasequoia glyptostroboides*
2	枫杨	*Pterocarya stenoptera*
3	垂柳	*Salix babylonica*
4	旱柳	*Salix matsudana*
5	绦柳	*Salix matsudana*

续表

序号	中文名	拉丁学名
6	国槐	*Sophora japonica*
7	元宝枫	*Acer truncatum*
8	丝棉木	*Euonymus maackii*
9	山桃	*Prunus davidiana*
10	紫叶李	*Prunus cerasifera* 'Atropurpurea'

滨河绿地推荐灌木类植物表

序号	中文名	拉丁学名
1	紫丁香	*Syringa oblata*
2	迎春	*Jasminum nudiflorum*
3	连翘	*Forsythia suspensa*
4	金钟花	*Forsythia viridissima*
5	锦带花	*Weigela florida*
6	猬实	*Kolkwitzia amabilis*
7	绣线菊	*Spiraea salicifolia*
8	紫珠	*Callicarpa bodinieri*
9	棣棠	*Kerria japonica*
10	醉鱼草	*Buddleja lindleyana*

滨河绿地推荐地被类植物表

序号	中文名	拉丁学名
1	马鞭草	*Verbena officinalis*
2	大花萱草	*Hemerocallis hybrida*
3	二月兰	*Orychophragmus violaceus*
4	紫花地丁	*Viola philippica*
5	马蔺	*Iris lactea*
6	委陵菜	*Potentilla chinensis*

滨河绿地推荐水生类植物表

序号	中文名	拉丁学名
1	芦苇	*Phragmites communis*
2	黄菖蒲	*Iris pseudacorus*
3	水葱	*Scirpus validus*
4	千屈菜	*Lythrum salicaria*
5	荷花	*Nelumbo nucifera*
6	再力花	*Thalia dealbata*
7	香蒲	*Typha orientalis*
8	泽泻	*Alisma plantago-aquatica*
9	梭鱼草	*Pontederia cordata*
10	睡莲	*Nymphaea tetragona*
11	槐叶萍	*Salvinia natans*
12	荇菜	*Nymphoides peltatum*
13	萍蓬草	*Nuphar pumilum*
14	水毛茛	*Batrachium bungei*
15	金鱼藻	*Ceratophyllum demersum*

2 交通型公共空间植物推荐

2.1 综合交通枢纽绿地

综合交通枢纽绿地推荐乔木类植物表

序号	中文名	拉丁学名
1	旱柳	*Salix matsudana Koidz.*
2	榆	*Ulmus pumila L.*
3	槐	*Styphnolobium japonicum (L.) Schott*
4	玉兰	*Yulania denudata (Desrousseaux) D. L. Fu*
5	西府海棠	*Malus × micromalus Makino*
6	山里红	*Crataegus pinnatifida* var. *major N. E. Brown*
7	杜梨	*Pyrus betulifolia Bunge*
8	臭椿	*Ailanthus altissima (Mill.) Swingle*
9	暴马丁香	*Syringa reticulata (Blume) Hara* var. *Mandshurica (Maxim.) Hara*
10	香椿	*Toona sinensis (A. Juss.) Roem.*
11	圆柏	*Juniperus chinensis Linnaeus*
12	元宝枫	*Acer truncatum Bunge*
13	白蜡	*Fraxinus chinensis*
14	馒头柳	*Salix matsudana* f. *umbraculifera Rehd.*
15	金叶复叶槭	*Acer negundo* 'Aurea'
16	白皮松	*Pinus bungeana Zucc.*

综合交通枢纽绿地推荐灌木类植物表

序号	中文名	拉丁学名
1	大叶黄杨	*Buxus megistophylla*
2	大花溲疏	*Deutzia grandiflora Bunge*
3	小花溲疏	*Deutzia parviflora Bunge*
4	红叶石楠	*Photinia × fraseri*
5	小龙柏	*Sabina chinensis(L.) Ant.* var. *chinensiscv. Kaizuca*
6	沙地柏	*Juniperus sabina L.*
7	锦带花	*Weigela florida (Bunge) A.DC.*
8	牡丹	*Paeonia suffruticosa Andr.*
9	红豆杉	*Taxus L.*
10	小叶女贞	*Ligustrum quihoui Carr.*
11	红瑞木	*Cornus alba Linnaeus*
12	华北珍珠梅	*Sorbaria kirilowii（Regel）Maxim.*

综合交通枢纽绿地推荐地被类植物表

序号	中文名	拉丁学名
1	地锦	*Parthenociss us tricuspidata (Sieb. Et Zucc.) Planch.*
2	玉簪	*Hosta plantaginea（Lam.）Aschers.*
3	花叶玉簪	*Hosta undulata Bailey*
4	麦冬	*Ophiopogon japonicus(Linn. f.) Ker-Gawl.*
5	大花萱草	*Hemerocallis hybrida Bergmans*
6	细叶芒	*Miscanthus sinensis cv.*
7	花叶芒	*Miscanthus sinensis 'Variegatus'*
8	狼尾草	*Pennisetum alopecuroides (L.) Spreng.*
9	二月兰	*Orychophragmusviolaceus(L.) O. E. Schulz*
10	蓝羊茅	*Festuca glauca Vill.*

2.2　交通绿地环岛

交通绿地环岛推荐乔木类植物表

序号	中文名	拉丁学名
1	旱柳	*Salix matsudana Koidz.*
2	侧柏	
3	圆柏	*Sabina chinensis*
4	银杏（♂）	*Ginkgo biloba*
5	毛白杨（♂）	*Populus tomentosa*
6	垂柳（♂）	*Salix babylonica*
7	国槐	*Styphnolobium japonicum*
8	刺槐	*Robinia pseudoacacia*
9	臭椿	*Ailanthus altissima*
10	栾树	*Koelreuteria paniculata*
11	绒毛白蜡	*Fraxinus tomentosa*
12	毛泡桐	*Paulownia tomentosa*
13	雪松	*Cedrus deodara (Roxb. ex D. Don) G. Don*
14	广玉兰	*Magnolia Grandiflora Linn*
15	黄栌	*Cotinus coggygria Scop.*
16	杜仲	*Eucommia ulmoides Oliver*

交通绿地环岛推荐灌木类植物表

序号	中文名	拉丁学名
1	大叶黄杨	*Buxus megistophylla*
2	红叶石楠	*Photinia × fraseri*
3	金叶女贞	*Ligustrum × vicaryi Rehder*
4	丰花月季	*Rosa hybrida*
5	榆叶梅	*Prunus triloba*
6	珍珠梅	*Sorbaria sorbifolia*
7	碧桃	*Prunus persica* 'Duplex'
8	木槿	*Hibiscus syriacus*
9	绣线菊	*Spiraea salicifolia L.*
10	平枝枸子	*Cotoneaster horizontalis Dcne.*
11	金银木	*Lonicera maackii (Rupr.) Maxim.*

交通绿地环岛推荐地被类植物表

序号	中文名	拉丁学名
1	大花萱草	*Hemerocallis hybridus*
2	玉簪	*Hosta plantaginea*
3	鸢尾	*Iris tectorum*
4	麦冬	*Ophiopogon japonicus(Linn. f.) Ker-Gawl.*
5	大花秋葵	*Hibiscus grandiflorus*
6	石竹	*Dianthus chinensis*
7	马蔺	*Iris lactea*
8	高羊茅	*Festuca elata Keng ex E. Alexeev*
9	早熟禾	*Poa annua L.*
10	紫松果菊	*Echinacea purpurea*
11	八宝景天	*Hylotelephium erythrostictum (Miq.) H. Ohba*
12	矾根	*Heuchera micrantha Douglas ex Lindl.*

2.3　绿化分车带

绿化分车带推荐乔木类植物表

序号	中文名	拉丁学名
1	银杏	*Ginkgo biloba*
2	栾树	*Koelreuteria paniculata*
3	旱柳	*Salix matsudana Koidz.*
4	国槐	*Styphnolobium japonicum (L.) Schott*
5	侧柏	*Platycladus orientalis (L.) Franco*
6	杨	*Populus simonii var. przewalskii (Maxim.) H. L. Yang*
7	榆	*Ulmus pumila L.*
8	垂柳	*Salix babylonica L.*
9	悬铃木	*Platanus acerifolia (Aiton) Willd.*
10	毛白杨	*Populus tomentosa Carrière*
11	合欢	*Albizia julibrissin Durazz.*
12	白蜡	*Fraxinus chinensis*
13	臭椿	*Ailanthus altissima (Mill.) Swingle*
14	油松	*Pinus tabuliformis Carr.*

绿化分车带推荐灌木类植物表

序号	中文名	拉丁学名
1	大叶黄杨	*Buxus megistophylla*
2	金边大叶黄杨	*Euonymus japonicus* 'Aurea-marginatus' Hort.
3	瓜子黄杨	*Buxus sinica (Rehd. et Wils.) Cheng*
4	红叶石楠	*Photinia × fraseri*
5	小龙柏	*Sabina chinensis(L.) Ant. var. chinensiscv. Kaizuca*
6	沙地柏	*Juniperus sabina L.*
7	红豆杉	*Taxus L.*
8	小叶女贞	*Ligustrum quihoui Carr.*
9	连翘	*Forsythia suspensa (Thunb.) Vahl*
10	磬口蜡梅	*Artemisiasphaerocephalakrasch*
11	棣棠	*Kerria japonica*
12	木槿	*Hibiscus syriacus L.*
13	紫叶矮樱	*Prunus × cistena*
14	红瑞木	*Cornus alba Linnaeus*
15	八仙花	*Hydrangeamacrophylla(Thunb.) Ser.*

绿化分车带推荐地被类植物表

序号	中文名	拉丁学名
1	早熟禾	*Kentucky Bluegrass*
2	高羊茅	*Tall fescue*
3	狗牙根	*Cynodon dactylon (L.) Pers.*
4	麦冬	*Ophiopogon japonicus(Linn. f.) Ker-Gawl.*
5	玉簪	*Hosta plantaginea*
6	花叶玉簪	*Hosta undulata Bailey*
7	萱草	*Hemerocallis fulva (L.) L.*
8	宿根福禄考	*Phlox paniculata L.*
9	矾根	*Heuchera micrantha Douglas ex Lindl.*
10	美丽月见草	*Oenothera speciosa Nutt.*
11	细叶美女樱	*Glandularia tenera (Spreng.) Cabrera*
12	细叶针茅	*Stipa lessingiana Trin. et Rupr.*
13	细叶芒	*Miscanthus sinensis cv.*
14	花叶芒	*Miscanthus sinensis 'Variegatus'*
15	紫芒	*Miscanthus sinensis Anderss.*
16	狼尾草	*Pennisetum alopecuroides (L.) Spreng.*
17	东方狼尾草	*Pennisetum orientale*

2.4 街道公共空间

街道公共空间推荐乔木类植物表

序号	中文名	拉丁学名
1	杨	*Populus simonii var. przewalskii (Maxim.) H. L. Yang*
2	榆	*Ulmus pumila L.*
3	垂柳	*Salix babylonica L.*
4	悬铃木	*Platanus acerifolia (Aiton) Willd.*
5	毛白杨	*Populus tomentosa Carrière*
6	合欢	*Albizia julibrissin Durazz.*
7	银杏	*Ginkgo biloba*
8	元宝枫	*Acer truncatum*
9	黄栌	*Cotinus coggygria Scop.*
10	白皮松	*Pinus bungeana Zucc. ex Endl.*
11	华山松	*Pinus armandii Franch.*

街道公共空间推荐灌木类植物表

序号	中文名	拉丁学名
1	大叶黄杨	*Buxus megistophylla*
2	小叶女贞	*Ligustrum quihoui Carr.*
3	瓜子黄杨	*Buxus sinica (Rehd. et Wils.) Cheng*
4	红叶石楠	*Photinia × fraseri*
5	木槿	*Hibiscus syriacus L.*
6	磬口蜡梅	*Artemisiasphaerocephalakrasch*
7	棣棠	*Kerria japonica*
8	紫叶矮樱	*Prunus × cistena*
9	月季	*Rosa chinensis Jacq.*
10	蔷薇	*Rosa* sp.

街道公共空间推荐地被类植物表

序号	中文名	拉丁学名
1	芍药	*Paeonia lactiflora Pall.*
2	大花秋葵	*Hibiscus grandiflorus Salisb.*
3	宿根福禄考	*Phlox paniculata L.*
4	欧石竹	*Carthusian pink*
5	常夏石竹	*Dianthus plumarius L.*
6	萱草	*Hemerocallis fulva (L.) L.*
7	紫松果菊	*Echinacea purpurea*
8	天蓝绣球	*Phlox paniculata*
9	美国地锦	*Parthenocissus quinquefolia (L.) Planch.*
10	鸢尾	*Iris tectorum Maxim.*
11	山桃草	*Gaura lindheimeri Engelm. et Gray*
12	麦冬	*Ophiopogon japonicus(Linn. f.) Ker-Gawl.*
13	狗牙根	*Cynodon dactylon (L.) Pers.*
14	高羊茅	*Festuca elata Keng ex E. Alexeev*
15	东方狼尾草	*Pennisetum orientale*
16	小兔子狼尾草	*ennisetum alopecuroidescv. 'Little Bunny'*

2.5 桥下公共空间——高架桥桥下空间

桥下公共空间推荐乔木类植物表

序号	中文名	拉丁学名
1	杨	*Populus simonii* var. *przewalskii (Maxim.) H. L. Yang*
2	榆	*Ulmus pumila L.*
3	垂柳	*Salix babylonica L.*
4	悬铃木	*Platanus acerifolia (Aiton) Willd.*

桥下公共空间推荐灌木类植物表

序号	中文名	拉丁学名
1	美国地锦	*Parthenocissus quinquefolia (L.) Planch.*
2	美国凌霄	*Campsisradicans(L.) Seem.*
3	络石	*Trachelospermum jasminoides (Lindl.) Lem.*
4	胡颓子	*Elaeagnus pungens Thunb.*
5	扶芳藤	*Euonymus fortunei (Turcz.) Hand.-Mazz.*

桥下公共空间推荐地被类植物表

序号	中文名	拉丁学名
1	麦冬	*Ophiopogon japonicus(Linn. f.) Ker-Gawl.*
2	萱草	*Hemerocallis fulva (L.) L.*
3	玉簪	*Hosta plantaginea*
4	狗牙根	*Cynodon dactylon (L.) Pers.*
5	狼尾草	*Pennisetum alopecuroides (L.) Spreng.*

3　居住区附属公共空间植物推荐

3.1　平房住宅公共空间

平房住宅公共空间绿地推荐乔木类植物表

序号	中文名	拉丁学名
1	侧柏	*Platycladus orientalis (L.) Franco*
2	旱柳	*Salix matsudana Koidz.*
3	垂柳	*Salix babylonica L.*
4	胡桃（核桃）	*Juglans regia L.*
5	榆	*Ulmus pumila L.*
6	槐	*Styphnolobium japonicum (L.) Schott*
7	枣	*Ziziphus jujuba Mill.*
8	柿	*Diospyros kaki Thunb.*
9	玉兰	*Yulania denudata (Desrousseaux) D. L. Fu*
10	西府海棠	*Malus × micromalus Makino*
11	山里红	*Crataegus pinnatifida* var. *major N. E. Brown*
12	杜梨	*Pyrus betulifolia Bunge*
13	臭椿	*Ailanthus altissima (Mill.) Swingle*
14	暴马丁香	*Syringa reticulata (Blume) Hara* var. *Mandshurica (Maxim.) Hara*
15	香椿	*Toona sinensis (A. Juss.) Roem.*
16	圆柏	*Juniperus chinensis Linnaeus*

平房住宅公共空间绿地推荐灌木类植物表

序号	中文名	拉丁学名
1	太平花	*Philadelphus pekinensis Rupr.*
2	大花溲疏	*Deutzia grandiflora Bunge*
3	小花溲疏	*Deutzia parviflora Bunge*
4	刺玫蔷薇	*Rosa davurica Pall.*
5	玫瑰	*Rosa rugosa Thunb.*
6	金露梅	*Potentilla fruticosa L.*
7	锦带花	*Weigela florida (Bunge) A.DC.*
8	牡丹	*Paeonia suffruticosa Andr.*
9	石榴	*Punica granatum L.*
10	贴梗海棠	*Chaenomeles speciosa (Sweet) Nakai*

平房住宅公共空间绿地推荐地被及水生类植物表

序号	中文名	拉丁学名
1	地锦	Parthenociss us tricuspidata (Sieb. Et Zucc.) Planch.
2	玉簪	Hosta plantaginea（Lam.）Aschers.
3	草茉莉	Mirabilis jalapa L.
4	马蔺	Iris lactea Pall. var.chinensis (Fisch.) Koidz.
5	荷花	Nelumbo nucifera Gaertn.
6	睡莲	Nymphaea tetragona Georgi.

3.2 老旧小区公共空间

老旧小区公共空间推荐乔木类植物表

序号	中文名	拉丁学名
1	油松	Pinus tabuliformis
2	白皮松	Pinus bungeana
3	圆柏	Sabina chinensis
4	银杏（♂）	Ginkgo biloba
5	毛白杨（♂）	Populus tomentosa
6	垂柳（♂）	Salix babylonica
7	国槐	Styphnolobium japonicum
8	刺槐	Robinia pseudoacacia
9	臭椿	Ailanthus altissima
10	栾树	Koelreuteria paniculata
11	绒毛白蜡	Fraxinus tomentosa
12	毛泡桐	Paulownia tomentosa
13	胡桃（核桃）	Juglans regia
14	榉树	Zelkova serrata
15	玉兰	Yulania denudata
16	鹅掌楸	Liriodendron chinense
17	柿	Diospyros kaki
18	杜仲	Eucommia ulmoides
19	西府海棠	Malus × micromalus
20	紫叶李	Prunus cerasifera f. atropurpurea

老旧小区公共空间推荐灌木类植物表

序号	中文名	拉丁学名
1	大叶黄杨	*Buxus megistophylla*
2	沙地柏	*Juniperus sabina*
3	珍珠梅	*Sorbaria sorbifolia*
4	丰花月季	*Rosa hybrida*
5	榆叶梅	*Prunus triloba*
6	黄刺玫	*Rosa xanthina*
7	碧桃	*Prunus persica* 'Duplex'
8	木槿	*Hibiscus syriacus*
9	迎春花	*Jasminum nudiflorum*

老旧小区公共空间推荐地被植物表

序号	中文名	拉丁学名
1	大花萱草	*Hemerocallis hybridus*
2	地被菊	*Chrysanthemum × morifolium* 'Ground Cover'
3	鸢尾	*Iris tectorum*
4	天蓝绣球	*Phlox paniculata*
5	大花秋葵	*Hibiscus grandiflorus*
6	石竹	*Dianthus chinensis*
7	马蔺	*Iris lactea*
8	玉簪	*Hosta plantaginea*

4 其他附属公共空间植物推荐

4.1 传统商圈附属绿地

传统商圈附属绿地推荐乔木类植物表

序号	中文名	拉丁学名
1	银杏	*Ginkgo biloba*
2	栾树	*Koelreuteria paniculata*
3	旱柳	*Salix matsudana*
4	元宝枫	*Acer truncatum*
5	杜仲	*Eucommia ulmoides*
6	雪松	*Cedrus deodara*
7	白皮松	*Pinus bungeana*

传统商圈附属绿地推荐灌木类植物表

序号	中文名	拉丁学名
1	太平花	*Philadelphus pekinensis*
2	金银木	*Lonicera maackii*
3	紫薇	*Lagerstroemia indica*
4	木槿	*Hibiscus syriacus*
5	木本绣球	*Viburnum macrocephalum*

传统商圈附属绿地推荐地被类植物表

序号	中文名	拉丁学名
1	狼尾草	*Pennisetum alopecuroides*
2	蓝羊茅	*Festuca glauca*
3	'细叶'芒	*Miscanthus sinensis cv.*
4	血草	*Imperata cylindrical 'Rubra'*
5	柳枝稷	*Panicum virgatum*
6	粉黛乱子草	*Muhlenbergia capillaris*
7	'花叶'芒	*Miscanthus sinensis 'Variegatus'*
8	拂子茅	*Calamagrostis epigeios*
9	雏菊	*Bellis perennis*
10	鸢尾类	*Iris tectorum*
11	平枝枸子	*Cotoneaster horizontalis*

续表

序号	中文名	拉丁学名
12	萱草	*Hemerocallis fulva*
13	二月兰	*Orychophragmus violaceus*
14	细叶美女樱	*Glandularia tenera*
15	耧斗菜	*Aquilegia viridiflora*
16	石竹	*Dianthus*

4.2　低效产业园公共空间

低效产业园公共空间推荐乔木类植物表

序号	中文名	拉丁学名
1	旱柳	*Salix matsudana*
2	云杉	*Spruce*
3	桧柏	*Juniper*
4	华山松	*Pinus armandii*
5	白皮松	*White-barked pine*
6	龙柏	*Longbai*
7	刺槐	*Locust*
8	悬铃木	*Platanus acerifolia (Aiton) Willd.*
9	银杏	*Ginkgo*
10	榆树	*Elm*
11	元宝枫	*Yuan Baofeng*
12	胡桃	*Juglans regia*
13	栾树	*Koelreuteria Paniculata*
14	杜仲	*Eucommia ulmoides*
15	小叶朴	*Lobular Park*
16	皂荚	*Gleditsia sinensis*
17	臭椿	*Ailanthus*
18	紫叶李	*Cherry plum*
19	樱花	*Cherry blossoms*
20	西府海棠	*Midget Crabapple*

低效产业园公共空间推荐灌木类植物表

序号	中文名	拉丁学名
1	大叶黄杨	*Euonymus japonicus*
2	紫叶小檗	*Berberis thunbergii*
3	金叶女贞	*Ligustrum lucidum*
4	紫叶矮樱	*Purple leaf dwarf cherry*
5	小叶女贞	*Ligustrum quihoui*
6	雀舌黄杨	*Buxus japonicus*
7	大叶扶芳藤	*Large leaf fufangteng*
8	中华金叶榆	*Ulmus pumila cv.jinye*
9	木槿	*Hibiscus*

低效产业园公共空间推荐地被类植物表

序号	中文名	拉丁学名
1	早熟禾	*Kentucky Bluegrass*
2	高羊茅	*Tall fescue*
3	野牛草	*Buchoe dactyloides*
4	苔草	*Carex*
5	结缕草	*Zoysia japonica*
6	狗牙根	*Dog tooth root*
7	黑麦草	*Ryegrass*
8	一串红	*Tropical sage*
9	石竹	*Dianthus*

参考文献　References

1. 相关法规条例

[1] 北京市规划和国土资源管理委员会 . 北京城市总体规划（2016—2035 年）[Z]，2017.

[2] 北京市人民代表大会常务委员会 . 北京历史文化名城保护条例 [Z]，2005.

[3] 北京市人民代表大会常务委员会 . 北京市非机动车管理条例 [Z]，2018.

[4] 北京市人民代表大会常务委员会 . 北京市古树名木保护管理条例 [Z]，1998.

[5] 北京市人民代表大会常务委员会 . 北京市绿化条例 [Z]，2009.

[6] 北京市人民代表大会常务委员会 . 北京市实施《中华人民共和国道路交通安全法》办法 [Z]，2004.

[7] 北京市人民代表大会常务委员会 . 北京市市容环境卫生条例 [Z]，2002.

[8] 北京市人民代表大会常务委员会 . 北京市无障碍设施建设和管理条例 [Z]，2004.

[9] 北京市园林绿化局 . 北京市绿地树木许可服务管理办法（试行）[Z]，2022.

[10] 北京市园林绿化局 . 北京市主要乡土树种名录（2021 版）[Z]，2021.

[11] 北京市人民政府 . 北京市城市更新行动计划（2021—2025 年）[Z]，2021.

[12] 北京市人民政府 . 北京市户外广告设置管理办法 [Z]，2004.

[13] 北京市人民政府 . 北京市门楼牌管理办法 [Z]，2014.

[14] 国家发展改革委 . "十四五"新型城镇化实施方案 [Z]，2022.

[15] 全国人民代表大会常务委员会 . 中华人民共和国城乡规划法 [Z]，2007.

[16] 全国人民代表大会常务委员会 . 中华人民共和国道路交通安全法 [Z]，2003.

[17] 全国人民代表大会常务委员会 . 中华人民共和国物权法 [Z]，2007.

2. 相关指导及书籍

[1] 北京市规划和自然资源委员会 . 北京历史文化街区风貌保护与更新设计导则 [DB/OL].（2019-02-19）[2023-09-06]. https：//ghzrzyw.beijing.gov.cn/zhengwuxinxi/gzdt/sj/202002/t20200214_1630958.html.

[2] 北京市城市管理委员会 . 核心区背街小巷环境整治提升设计管理导则 [DB/OL].（2021-05-01）[2023-09-06].http：//wjw.beijing.gov.cn/wjwh/ztzl/awjk/awjkagws/202112/t20211213_2559992.html.

[3] 北京市城市规划设计研究院 . 北京街道更新治理城市设计导则 [DB/OL].（2021-06-23）[2023-09-06].https：//ghzrzyw.beijing.gov.cn/biaozhunguanli/bz/cxgh/202106/t20210623_2419742.html.

[4] 北京市城市规划设计研究院 . 北京市城市设计导则 [DB/OL].（2021-04-03）[2023-09-06].https：//ghzrzyw.beijing.gov.cn/biaozhunguanli/bz/cxgh/202112/t20211207_2555119.html.

[5] 北京市城市规划设计研究院 . 城市道路空间的合理利用：北京城市道路空间规划设计指南 [M]. 北京：中国建筑工业出版社，2013.

[6] 北京市规划和国土资源管理委员会规划西城分局，北京建筑大学建筑与城市规划学院 . 北京西城街区整理城市设计导则 [M]. 北京：中国建筑工业出版社，2018.

[7] 北京市住房和城乡建设委员会 . 北京老城保护房屋修缮技术导则（2019 版）[DB/OL].（2019-11-05）[2023-09-06]. https：//www.gov.cn/xinwen/2019-11/05/content_5448744.htm.

[8] 侯仁之 . 北京城的生命印记 [M]. 北京：生活 · 读书 · 新知三联书店，2009.

[9] 首都规划建设委员会办公室 . 城市公共空间设计建设指导性图集 [DB/OL].（2016-04-08）[2023-09-06].https：//ghzrzyw.beijing.gov.cn/biaozhunguanli/bzxg/201912/t20191213_1166196.html.

[10] 阳建强 . 城市更新与可持续发展 [M]. 南京：东南大学出版社，2020.

[11] 中国中建集团设计有限公司 . 北京市无障碍系统化设计导则 [DB/OL].（2020-02-20）[2023-09-06].https：//ghzrzyw.beijing.gov.cn/biaozhunguanli/bz/cxgh/202002/t20200220_1662944.html.

[12] 住房城乡建设部 . 城市步行和自行车交通系统规划设计导则 [DB/OL].（2014-01-14）[2023-09-06].https：//www.gov.cn/gzdt/att/att/site1/20140114/001e3741a2cc143f348801.pdf.

3. 相关规范

[1] 北京市城市规划设计研究院 . 步行和自行车交通环境规划设计标准：DB11/ 1761—2020[S/OL]. 北京，2020[2023-09-06].https：//www.beijing.gov.cn/zhengce/zhengcefagui/202103/W020210329539337476614.pdf.

[2] 上海市城乡建设与交通委员会 . 城市道路交通设施设计规范（2019 年版）：GB 50688—2011[S]. 北京：中国计划出版社，2019.

[3] 上海市园林设计研究总院有限公司 . 居住绿地设计标准：CJJ/T 294—2019[S]. 北京：中国建筑工业出版社，2019.

[4] 中华人民共和国住房和城乡建设部 . 城市道路绿化设计标准：CJJ 75—2023[S]. 北京：中国建筑工业出版社，2023.

[5] 中华人民共和国公安部 . 城市道路交通标志和标线设置规范：GB 51038—2015[S]. 北京：中国计划出版社，2015.

4. 期刊论文

[1] 陈芃序，孙烨，王天扬 . 城市更新背景下老旧居住区失落空间活力重塑探究 [J]. 城市建筑，2021，18（23）：7-9.

[2] 陈天，王佳煜，石川淼 . 儿童友好导向的生态社区公共空间设计策略研究——以中新天津生态城为例 [J]. 上海城市规划，2020（3）：20-28.

[3] 陈仲，郭轶博 . 面向城市治理的老城区街道更新设计——以北京市东四南北大街为例 [J]. 城市交通，2022，20（4）：80-85+110.

[4] 褚冬竹，阳蕊 . 线·索：重庆城市微更新时空路径与实践特征 [J]. 建筑学报，2020（10）：58-65.

[5] 代欣，王建军，董博 . 社区更新视角下广州市老旧小区改造模式思考 [J]. 上海城市管理，2019，28（1）：26-31.

[6] 戴代新，谢民 . 公众参与地理信息系统在风景园林规划中的应用 [J]. 风景园林，2016，24（7）：98-104.

[7] 顾鸣东，尹海伟 . 公共设施空间可达性与公平性研究概述 [J]. 城市问题，2010（5）：25-29.

[8] 洪彦 . 城市道路分车带绿化常见问题与对策分析 [J]. 运输经理世界，2022（29）：47-50.

[9] 黄怡，吴长福 . 基于城市更新与治理的我国社区规划探析——以上海浦东新区金杨新村街道社区规划为例 [J]. 城市发展研究，2020，27（4）：110-118.

[10] 贾振毅，陈春娣，童笑笑，等 . 三峡沿库城镇生态网络构建与优化——以重庆开州新城为例 [J]. 生态学杂志，2017，36（3）：782-791.

[11] 姜文蔚 . 基于 PSPL 调研法的北京城市桥下空间更新策略研究 [J]. 北京规划建设，2022（2）：72-76.

[12] 蒋鑫，徐昕昕，王向荣，等 . 居民自发更新视角下的北京胡同绿色空间微更新研究——大栅栏片区的探索 [J]. 风景园林，2019，26（6）：18-22.

[13] 金潮森，邸苏闯，于磊，等 . 北京中心城区内涝风险区快速识别技术研究 [J]. 北京规划建设，2022，（4）：9-13.

[14] 李昊 . 公共性的旁落与唤醒——基于空间正义的内城街道社区更新治理价值范式 [J]. 规划师，2018，34（2）：25-30.

[15] 李瑾璞，夏少霞，于秀波，等 . 基于 InVEST 模型的河北省陆地生态系统碳储量研究 [J]. 生态与农村环境学报，2020，36（7）：

854-861.

[16] 李萌 . 基于居民行为需求特征的"15 分钟社区生活圈"规划对策研究 [J]. 城市规划学刊，2017（1）：111-118.

[17] 梁庄，邓鑫桂，张守法 . 北京市海淀区城市双修总体规划中的城市公共空间提升 [J]. 中国园林，2021，37（S1）：45-50.

[18] 林崇华，高玥，尹肖倩 . 基于三元交互决定论的城市高架桥下公共空间活力重塑——以天津市天河桥下空间为例 [J]. 艺术与设计（理论），2023，2（3）：58-60.

[19] 刘建阳，谭春华，闵杰君 . 基于互动理论的产业园区高质量发展规划探讨 [J]. 山西建筑，2021，47（14）：13-17.

[20] 刘彦威 . 交通枢纽型公共景观与公园绿地的融合实践——以广州天河公园为例 [J]. 工程建设与设计，2022，491（21）：81-84.

[21] 刘阳，欧小杨，郑曦 . 整合绿地结构与功能性连接分析的城市生物多样性保护规划 [J]. 风景园林，2022，29（1）：26-33.

[22] 吕麦霞，唐晓辉，李振辉，等 . 城市桥下空间利用研究 [J]. 城市道桥与防洪，2022（10）：53-56+12.

[23] M. 欧伯雷瑟—芬柯，吴玮琼 . 活动场地：城市——设计少年儿童友好型城市开放空间 [J]. 中国园林，2008，153（9）：49-55.

[24] 马宏，应孔晋 . 社区空间微更新 上海城市有机更新背景下社区营造路径的探索 [J]. 时代建筑，2016（4）：10-17.

[25] 马永欢，鹿琳琳，肖达，等 . 基于局地气候分区的城市热环境分析——以北京市为例 [J]. 北京师范大学学报（自然科学版），2022，58（6）：901-909.

[26] 牛爽，汤晓敏 . 高密度城区公园绿地配置公平性测度研究——以上海黄浦区为例 [J]. 中国园林，2021，37（10）：100-105.

[27] 潘卉，冯浩宇 . 老旧小区环境的适老化微改造建议——以南京建邺路、张府园小区为例 [J]. 建筑与文化，2021（4）：190-191.

[28] 曲勃润，郁枫 . 基于精细化管理的北京二环路桥下消极空间改造研究 [J]. 城市建筑空间，2022，29（4）：78-81.

[29] 邵壮，陈然，赵晶，等 . 基于 FLUS 与 InVEST 模型的北京市生态系统碳储量时空演变与预测 [J]. 生态学报，2022，42（23）：9456-9469.

[30] 沈娉，张尚武 . 从单一主体到多元参与：公共空间微更新模式探析——以上海市四平路街道为例 [J]. 城市规划学刊，2019（3）：103-110.

[31] 谭玛丽，周方诚 . 适合儿童的公园与花园——儿童友好型公园的设计与研究 [J]. 中国园林，2008，153（9）：43-48.

[32] 万令轩，王晓芳，郭艳 . 基于高斯 2SFCA 的武汉市不同功能城市公园空间可达性研究 [J]. 现代城市研究，2020（8）：26-34.

[33] 王博娅，刘志成 . 北京市海淀区绿地结构功能性连接分析与构建策略研究 [J]. 景观设计学，2019，7（1）：34-51.

[34] 王承华，李智伟 . 城市更新背景下的老旧小区更新改造实践与探索——以昆山市中华北村更新改造为例 [J]. 现代城市研究，2019（11）：104-112.

[35] 王敏，朱安娜，汪洁琼，等 . 基于社会公平正义的城市公园绿地空间配置供需关系——以上海徐汇区为例 [J]. 生态学报，2019，39（19）：7035-7046.

[36] 王韬，朱一中，张倩茹 . 场景理论视角下的广州市工业用地更新研究——以文化创意产业园为例 [J]. 现代城市研究，2021（8）：66-72+82.

[37] 王旭龙，唐爽 . 北京旧城四合院空间优化设计策略研究——以北京市东城区天坛街道崇外 3 号地为例 [J]. 艺术教育，2023（5）：223-226.

[38] 温宗勇，张翼然，陶迎春，等 . 北京核心区城市肌理与空间形态研究 [J]. 北京规划建设，2019（4）：150-156.

[39] 吴欣玥 . 健康导向下成都华西片区公共空间品质提升策略 [J]. 规划师，2018，34（12）：103-108.

[40] 吴志强，伍江，张佳丽，等."城镇老旧小区更新改造的实施机制"学术笔谈 [J]. 城市规划学刊，2021（3）：1-10.

[41] 武思宇，张丹玉，沈季含等.基于建筑更新背景的北京四合院商业化改造——以叠院儿为例 [J]. 城市建筑，2022，19（21）：101-104.

[42] 解宪丽，孙波，周慧珍，等.中国土壤有机碳密度和储量的估算与空间分布分析 [J]. 土壤学报，2004（1）：35-43.

[43] 徐亚丹，陈瑾妍，张玉钧.生态系统文化服务研究综述 [J]. 河北林果研究，2016，31（2）：210-216.

[44] 许宪春，王洋.大数据在企业生产经营中的应用 [J]. 改革，2021（1）：18-35.

[45] 薛峰，凌苏扬.城市公共空间环境品质提升策略与方法 [J]. 城市住宅，2017，24（9）：25-30.

[46] 杨玲，吴岩，周曦.我国部分老城区单位和居住区附属绿地规划管控研究——以新疆昌吉市为例 [J]. 中国园林，2013，29（3）：55-59.

[47] 姚亚男，李树华.基于公共健康的城市绿色空间相关研究现状 [J]. 中国园林，2018，34（1）：118-124.

[48] 叶芊蔚，王昊贤.万物互联时代下城市街道空间的智慧再生 [J]. 城市建筑，2021，18（9）：18-21.

[49] 殷炜达，苏俊伊，许卓亚，等.基于遥感技术的城市绿地碳储量估算应用 [J]. 风景园林，2022，29（5）：24-30.

[50] 俞莉萍.综合交通枢纽型商务区多功能主导的生态环境设计策略研究——以虹桥综合交通商务区绿地为例 [J]. 中国园林，2016，32（4）：45-49.

[51] 张建华，侯彬洁.商业空间的立体绿化 [J]. 园林，2013（9）：20-23.

[52] 张琪曼.地表温度热红外遥感反演理论及实践研究 [J]. 科技视界，2022（3）：18-20.

[53] 张守法，李翅，赵凯茜.基于生态网络构建的贵阳市绿地景观格局优化研究 [J]. 中国园林，2022，38（5）：68-73.

[54] 张新颖，刘新宇，蒋方，等.基于微更新视角的城市立交桥下空间优化设计研究——以北京天宁寺桥下空间为例 [J]. 艺术教育，2023（5）：227-230.

[55] 赵嘉敏，周海玲，贺盈乾.基于行为需求的高架桥下部空间更新研究——以成都市府青运动空间为例 [J]. 智能建筑与智慧城市，2023（1）：18-20.

[56] 钟章建，洪锋，胡红，等.城市核心区慢行交通改善规划探讨——以宁波市为例 [J]. 交通与运输（学术版），2017（1）：145-149.

[57] 周华溢，甘宁.TOD 模式背景下交通枢纽中心与城市绿地契合设计研究——以成都市 18 号线锦城广场地下综合交通枢纽中心为例 [J]. 设计，2020，33（19）：55-57.

[58] 邹德慈.人性化的城市公共空间 [J]. 城市规划学刊，2006（5）：9-12.

[59] Chao Wang, Jinyan Zhan, Xi Chu, Wei Liu, Fan Zhang. Variation in ecosystem services with rapid urbanization: A study of carbon sequestration in the Beijin-Tianjin-Hebei region, China[J]. Physics and Chemistry of the Earth, 2019, 110：195-202.

[60] Colquhoun Ian. Design out crime：Creating safe and sustainable communities[J]. Crime Prevention and Community Safety, 2004, 6：57-70.

[61] Gretchen C Daily, Stephen Polasky, Joshua Goldstein, Peter M Kareiva, Harold A Mooney, Liba Pejchar, Taylor H Ricketts, James Salzman, Robert Shallenberger. Ecosystem Services in Decision Making：Time to Deliver[J]. Frontiers in Ecology & the Environment. 2009, 7（1）：21-28.

[62] Limin Yang, Xiaoyan Li, Beibei Shang. Impacts of Urban Expansion on the Urban Thermal Environment：A Case Study of Changchun, China[J]. Chinese Geographical Science, 2022, 32（1）：79-92.

[63] Pingjia Luo, Yankai Miao, Jingwei Zhao. Effects of auditory-visual combinations on students' perceived safety of urban green spaces during the evening[J]. Urban Forestry & Urban Greening, 2021, 58：126904.

[64] Shuming Zhao, Yifei Ma, Jinling Wang, Xueyi You. Landscape pattern analysis and ecological network planning of Tianjin City[J]. Urban Forestry & Urban Greening, 2019, 46（C）.

[65] Thomas Campagnaro, Daniel Vecchiato, Arne Arnberger, Riccardo Celegato, Riccardo Da Re, Riccardo Rizzetto, Paolo Semenzato, Tommaso Sitzia, Tiziano Tempesta, Dina Cattaneo. General, stress relief and perceived safety preferences for green spaces in the historic city of Padua（Italy）[J]. Urban Forestry & Urban Greening, 2020, 52: 126695.

[66] Valero, Enrique, Xana Álvarez, Juan Picos. Connectivity Study in Northwest Spain: Barriers, Impedances, and Corridors[J]. Sustainability, 2019, 11（18）.

[67] Xuli Tang, Xia Zhao, Yongfei Bai, Zhiyao Tang, Guoyi Zhou. Carbon pools in China's terrestrial ecosystems: New estimates based on an intensive field survey[J]. Proceedings of the National Academy of Sciences of the United States of America, 2018, 115（16）: 4021-4026.

[68] Yilun Cao, Yuhan Guo, Mingjuan Zhang. Research on the Equity of Urban Green Park Space Layout Based on Ga2SFCA Optimization Method—Taking the Core Area of Beijing as an Example[J]. Land, 2022, 11: 1323.

5. 学位论文

[1] 葛畅 . 北京老城区生活性街道空间更新设计方法研究 [D]. 北京：北京建筑大学，2020.

[2] 黄健文 . 旧城改造中公共空间的整合与营造 [D]. 广州：华南理工大学，2011.

[3] 黄乔伟 . 老龄化背景下老旧住区景观适老化改造研究 [D]. 福州：福建农林大学，2017.

[4] 沈诗萌 . 中央活力区理念引导下的商圈城市设计研究 [D]. 哈尔滨：哈尔滨工业大学，2017.

[5] 王坤 . 健康住区视角下北京老旧小区公共空间优化设计研究 [D]. 北京：北京建筑大学，2021.

[6] 杨扬 . "微更新"视角下兰州市老旧社区生活性街道空间改造策略研究 [D]. 兰州：兰州交通大学，2021.

[7] 张莴 . 北京西城区广安门外街道微公共空间更新优化研究 [D]. 北京：北京建筑大学，2019.

[8] 周钰 . 城市街道更新中的公共交往空间重塑策略研究 [D]. 合肥：安徽建筑大学，2013.

[9] 卓媛媛 . 北京老旧社区人文景观环境建设研究 [D]. 北京：北京建筑大学，2017.

6. 会议论文

[1] 陈桂良，余珂，黄冬翔 . 从产业园区走向产业社区——以广州市民营科技园核心区更新改造为例 [C]// 中国城市规划学会，成都市人民政府 . 面向高质量发展的空间治理——2020 中国城市规划年会论文集（02 城市更新）. 北京：中国建筑工业出版社，2021：683-691.

[2] Handy Muhammad Rezky Noor, Maulana Indra. Revitalization of Green Open Space to Fulfill the Needs of Urban Communities[C]//2nd International Conference on Social Sciences Education（ICSSE 2020）. Paris: Atlantis Press, 2021: 223-225.

图片来源　Illustration Credits

引言

第 8 页　引言底图（来源：北京前门大街夜景，图虫创意 [EB/OL].[2022.12.12].https://stock.tuchong.com/image/detail?imageId=1270951105839628296）

第 1 章

第 18 页　历史绿色公共空间底图（来源：A STROLL THROUGH THE IMPERIAL GARDENS - BEIHAI PARK[EB/OL]. [2022-11-25].https://www.bulgarihotels.com/fr_FR/beijing/whats-on/article/beijing/in-the-city/A-Stroll-through-the-Imperial-Gardens---Beihai-Park）

第 19 页　蓟城水系示意图（来源：莲花池不只是一个公园 [EB/OL].[2022-11-25].https://www.sohu.com/a/439664547_99955580）

第 19 页　金中都城近郊河渠水道略图（来源：侯仁之 | 北京城：历史发展的特点及其改造 [EB/OL].[2022-11-25].https://mp.weixin.qq.com/s/MZclMnand93OqrK27AYM6g）

第 20 页　元大都城市示意图（来源：悟空间 | 档案见证北京 · 北京城的发展变迁 [EB/OL].[2022-11-25].https://mp.weixin.qq.com/s/z29mCVplwL2_MQbkNqXdVQ）

第 20 页　从金中都到明清北京城的城址变迁（来源：悟空间 | 档案见证北京 · 北京城的发展变迁 [EB/OL].[2022-11-25].https://mp.weixin.qq.com/s/z29mCVplwL2_MQbkNqXdVQ）

第 21 页　明北京城及城外关厢地区示意图（来源：首都功能核心区控制性详细规划（2018—2035 年））

第 21 页　清北京城及城外关厢地区示意图（来源：首都功能核心区控制性详细规划（2018—2035 年））

第 22 页　20 世纪初期老城及周边地区示意图（来源：首都功能核心区控制性详细规划（2018—2035 年））

第 22 页　20 世纪 50 年代老城及周边地区示意图（来源：首都功能核心区控制性详细规划（2018—2035 年））

第 23 页　故宫鸟瞰图（来源：古老的博物馆红了，但文创机制有待改进 [EB/OL].[2022-11-25].https://www.sohu.com/picture/308185666）

第 24 页　核心区蓝绿空间结构规划图（来源：首都功能核心区控制性详细规划（2018—2035 年））

第 2 章

第 25 页　当代绿色公共空间底图（来源：西便门绿地草坪早熟禾复壮尝试 [EB/OL].[2022-11-25]. https://www.bjxch.gov.cn/xcfw/csgl/xxxq/pnidpv740196.html）

第 26 页　北京柳荫公园（来源：徐阳洋 摄）

第 26 页　北京青年湖公园（来源：孟雪 摄）

第 27 页　北京龙潭中湖公园（来源：孟雪 / 郑灼 摄）

第 27 页　北京宣武艺园（来源：徐芯蕾 摄）

第 27 页　北京东单公园（来源：孟雪 摄）

第 27 页　北京东四奥林匹克社区公园（来源：孟雪 摄）

第 27 页　北京二十四节气公园（来源：徐芯蕾 摄）

第 27 页　北京翠芳园（来源：徐芯蕾 摄）

第 27 页　北京什刹海儿童乐园（来源：王晨灏 摄）

第 27 页　北京明城墙遗址公园（来源：谷文垚 摄）

第 28 页　北京动物园（来源：宋淑晴 摄）

第 28 页　北京建国门健身乐园（来源：谷文垚 摄）

第 28 页　北京东四法治公园（来源：邹宁 摄）

第 28 页　北京军民共建护城河休闲公园（来源：孟雪 摄）

第 28 页　北京南二环护城河滨河绿地（来源：何心怡 摄）

第 28 页　北京北二环护城河滨河绿地（来源：何心怡 摄）

第 29 页　北京玉蜓公园（来源：米夏原 摄）

第 29 页　北京荷香园（来源：王赛 摄）

第 29 页　北京安德城市森林公园（来源：王赛 摄）

第 29 页　北京逸清城市森林公园（来源：王赛 摄）

第 30 页　北京同仁医院口袋公园（来源：徐阳洋 摄）

第 30 页　北京校尉胡同口袋公园（来源：王赛 摄）

第 30 页　北京蜡烛园（来源：张超莹 摄）

第 30 页　北京月亮湾公园（来源：陈颖 摄）

第 30 页　北京东四块玉社区健身公园（来源：何心怡 摄）

第 30 页　北京南沙沟小区口袋公园（来源：王赛 摄）

第 31 页　北京银河 SOHO 广场（来源：王赛 摄）

第 31 页　北京东单前广场（来源：徐阳洋 摄）

第 31 页　北京和平里兴化社区文化广场（来源：孟雪 摄）

第 31 页　北京金隅天坛广场（来源：郑灼 摄）

第 34 页　北京北站（来源：李绍芃 摄）

第 34 页　北京站（来源：北京站 – 火车站 [EB/OL].[2022-12-10].https://www.zcool.com.cn/work/ZNTAwNTQxNzY=.html）

第 34 页　北京安定门西大街绿岛（来源：张佳楠 摄）

第 34 页　北京南二环交通环岛（来源：郑灼 摄）

第 36 页　北京西二环（来源：王赛 摄）

第 36 页　北京金宝街（来源：谷文垚 摄）

第 36 页　北京雍和宫大街（来源：张佳楠 摄）

第 36 页　北京西单北大街（来源：严格格 摄）

第 36 页　北京广安门外大街（来源：王赛 摄）

第 36 页　北京国子监街（来源：张佳楠 摄）

第 41 页　北京培育胡同 16 号院（来源：疏整促剪影｜变化天天看：老院新生展芳华！[EB/OL].[2022-11-25].https://view.inews.qq.com/k/20211116A0BC9700?web_channel=wap&openApp=false）

第 3 章

第 4 章

第 73 页　策略引导底图（来源：紫竹院公园生态景观建设 [EB/OL]. (2021-10-18) [2022-12-15].https://mp.weixin.qq.com/s/o_-SlPPzfmSYQ2Tp_dNsSQ）

第 75 页　入口选址、公园入口、平整的铺装（来源：回龙埔社区中心新开放空间，深圳 / PLAT Studio[EB/OL].[2022-11-25] https://www.gooood.cn/huilongpu-community-center-new-open-space-china-by-plat-studio.htm）

第 75 页　防滑材料、儿童活动特殊材料、照明设施、无障碍坡道 1、无障碍坡道 2（来源：何心怡 摄）

第 77 页　边界围合类型图（来源：何心怡 严格格 摄）

第 79 页　植物配置实景图（来源：何心怡 严格格 摄）

第 80 页　案例展示（来源：王赛 摄）

第 82 页　深圳梅丰社区公园（来源：深圳梅丰社区公园 [EB/OL].[2022-11-02].https://mooool.com/meifeng-community-park-in-shenzhen-by-zizu-studio.html）

第 82 页　咸阳渭柳湿地公园（来源：渭柳湿地公园 [EB/OL]. (2018-12-11) [2022-12-11]. https://www.gooood.cn/weiliu-wetland-park-china-by-yifang-ecoscape.htm）

第 85 页　北京地坛公园——中药养生文化园（来源：王赛 摄）

第 85 页　北京逸骏园 （来源：王赛 摄）

第 87 页　深圳百花二路友好街区（来源：深圳百花二路友好街区 [EB/OL].(2021-01-27)[2022-11-02].https://www.gooood.cn/baihua-2nd-road-child-friendly-block-china-by-shenzhen-urban-transport-planning-center.html）

第 87 页　北京学院南路 32 号院 （来源：徐芯蕾 摄）

第 87 页　北京五道营胡同 （来源：徐芯蕾 摄）

第 87 页　北京翠芳园（来源：徐芯蕾 摄）

第 88 页　苏州吴江华润万象汇 （来源：苏州吴江华润万象汇景观设计 [EB/OL].[2022-11-02].https://mooool.com/en/suzhou-wujiang-china-resources-mixc-by-metrostudio.html）

第 88 页　昆山市柏庐中路 - 东塘街（来源：稚趣街角 - "昆小薇"之昆山市柏庐中路 - 东塘街界面更新设计 [EB/OL].[2022-11-02].https://mooool.com/designing-the-interface-of-bailu-middle-road-and-dongtang-street-by-edging-ala.html）

第 89 页　北京草厂八条（来源：北京胡同蕴含着浓郁的秋日气息 [EB/OL].[2022-11-25]. https://www.sohu.com/a/112965570_100663）

第 89 页　北京西便民路街角空间（来源：秦琦 摄）

第 89 页　北京善果胡同 （来源：徐芯蕾 摄）

第 89 页　北京大耳胡同（来源：陈颖 摄）

第 90 页　深圳百花二路友好街区（来源：深圳百花二路友好街区 [EB/OL].(2021-01-27)[2022-11-02].https://www.gooood.cn/baihua-2nd-road-child-friendly-block-china-by-shenzhen-urban-transport-planning-center.html）

第 90 页　北京望京小街（来源：望京小街 [EB/OL].[2022-11-02].https://mooool.com/vanke-times-wangjing-by-instinct-fabrication.html）

第 91 页　北京坊（来源：北京坊 [EB/OL].(2019-01-28)[2022-11-02].https://www.thetigerhood.com/beijing-square/）

第 91 页　北京望京小街（来源：望京小街 [EB/OL].[2022-11-02].https://mooool.com/vanke-times-wangjing-by-instinct-fabrication.html）

第 91 页　北京西城金融街（来源：西城金融街 [EB/OL].(2020-03-22)[2022-12-11] https://mp.weixin.qq.com/s/E0UVtn 9mY_hzw-TCvKTz1w）

第 91 页　北京海淀 Smart 能量公园（来源：海淀 Smart 能量公园 [EB/OL].[2022-11-02].http://www.cnlandscaper.com/ jingguancase/show-1876.html）

第 91 页　北京西单体育公园（来源：西单体育公园智慧化引导城市更新新玩法 [EB/OL].(2022-04-13)[2022-12-11].https:// mp.weixin.qq.com/s/tGUIfi31mXuPS_yoDrVqA）

第 5 章

第 92 页　市政型绿色公共空间底图（来源：新华 1949 文化金融与创新产业园环境形象提升设计，北京 / 李思远 [EB/OL]. (2022-08-03)[2022-12-05].https://www.gooood.cn/xinhua-1949-cultural-and-financial-innovation-centre-by-uj- design.htm.）

第 96 页　成都文化公园（来源：成都市文化公园改造工程，元有景观 [EB/OL].(2021-10-27)[2022-12-05].https://page. om.qq.com/page/Oh6ewZtcP_l_Ss9UDEo_rPxw0.）

第 96 页　广东清远飞来峡海绵公园 1、广东清远飞来峡海绵公园 2、广东清远飞来峡海绵公园 3（来源：清远飞来峡海绵公园，GVL 怡境国际设计集团 [EB/OL].(2021-10-12)[2022-12-05]. http://cnlandscaper.com/ganhuo/show-983. html.）

第 98 页　深圳东角头地铁站公园（来源：深圳蛇口·东角头地铁站公园，奥雅设计 [EB/OL].(2020-09-07)[2022-12-05]. https://www.gooood.cn/dongjiaotou-metro-station-park-in-shekou-subdistrict-la-design.html.）

第 98 页　苏州吴江华润万象汇（来源：吴江华润万象汇景观设计，苏州 / 迈丘设计 [EB/OL].(2019-08-19)[2022-12-05]. https://www.gooood.cn/shuzhou-wujiang-mix-city-china-by-metrostudio.htm.）

第 98 页　昆山柏庐中路界面更新（来源："昆小薇"之昆山市柏庐中路 - 东塘街界面更新设计 / 上海亦境 [EB/OL].[2022- 12-05].https://mooool.com/en/designing-the-interface-of-bailu-middle-road-and-dongtang-street-by-edging- ala.html.）

第 98 页　北京西单口袋公园 1、北京西单口袋公园 2（来源：西单口袋公园 [EB/OL].(2017-11-02)[2022-12-05].http:// review.qianlong.com/2017/110 2/2141675.shtml）

第 98 页　北京同仁医院口袋公园（来源：同仁小游园 [EB/OL].[2022-12-05].http://yllhj.beijing.gov.cn/ggfw/bjsggml/yy/ dcq/202206/t20220615_2741206.shtml.）

第 102 页　北京西单更新场（来源：北京西单更新场，CRTKL 刘晓光团队 [EB/OL].(2022-01-29)[2022-12-05].https:// www.artwun.com/news/221.html.）

第 102 页　长春万科蓝山社区街头公园（来源：长春万科蓝山社区街头公园，派澜设计 [EB/OL].(2019-12-11)[2022-12-05]. https://www.gooood.cn/vanke-lanshan-community-pocket-park-china-by-partner-design-studio.htm.）

第 102 页　郑州古树苑公园（来源：郑州古树苑公园一期景观提升，河南 / 奥雅设计 [EB/OL].(2021-12-14)[2022-12-05]. https://www.gooood.cn/greening-improvement-of-gushuyuan-phase-i-design-by-l-a-design.htm.）

第 102 页　广州太古汇绿化屋顶和广场（来源：太古汇绿化屋顶和广场，中国 / ArquitectonicaGEO[EB/OL].(2014-08-01) [2022-12-05].https://www.gooood.cn/taikoohui-green-roof-plazas.htm.）

第 102 页　长春水文化生态园（来源：长春水文化生态园，水石设计 [EB/OL].(2019-10-01)[2022-12-05].https://www. sohu.com/a/344669947_120067790.）

第 102 页　莫斯科 Vereya 历史中心区（苏联广场）改造（来源：Vereya 历史中心区（苏联广场）改造，俄罗斯 / Mirror Group[EB/OL].(2021-08-18)[2022-12-05].https://www.gooood.cn/renovation-of-the-historical-center-of-vereya-soviet-square-by-megregionstroy.htm.）

第 102 页　贵阳广大街头广场（来源：城市微更新，广大街头公园 / 迈德景观（蓝调迈德期间作品)[EB/OL].[2022-12-05].https://mooool.com/guangda-street-park-guiyang-by-mind-studio.html.）

第 105 页　北京常乐坊城市森林公园（来源：常乐坊（蔺圃园）城市森林公园，北京 [EB/OL].(2018-07-15)[2022-12-05].https://www.sohu.com/a/241365869_99989744.）

第 105 页　北京广阳谷城市森林公园（来源：广阳谷城市森林公园－二环内最大的城市森林，北京 [EB/OL].(2018-07-15)[2022-12-05].https://www.sohu.com/picture/309113371.）

第 105 页　德国历史康养度假公园改造（来源：历史康养度假公园改造，德国 / SINAI[EB/OL].(2020-11-04)[2022-12-05].https://www.gooood.cn/forest-park-in-bad-lippspringe-sinai.htm.）

第 105 页　瑞典 Arninge-Ullna 河岸林公园（来源：瑞典 Arninge-Ullna 河岸林公园 / Topia Landskapsarkitektur AB[EB/OL].(2018-07-05)[2022-12-05].https://www.gooood.cn/the-arninge-ullna-riparian-forest-park-by-topia-landskapsarkitektur-ab.htm.）

第 105 页　北京广阳谷城市森林公园（来源：广阳谷城市森林公园－低碳数字植物园，团队：低碳数字植物园 [EB/OL].[2022-12-05].https://lcvb-garden.com/newsinfo/1537895.html.）

第 105 页　历史康养度假公园改造，德国（来源：历史康养度假公园改造，德国 / SINAI[EB/OL].(2020-11-04)[2022-12-05].https://www.gooood.cn/forest-park-in-bad-lippspringe-sinai.htm.）

第 107 页　芝加哥滨河步道（来源：芝加哥滨河步道的四维设计 / Sasaki[EB/OL].(2016-12-13)[2022-12-05].https://www.gooood.cn/chicago-riverwalk-expansion-by-sasaki.htm/.）

第 107 页　北京环二环绿道（北护城河段）（来源：何心怡 摄）

第 107 页　上海杨浦滨江公共空间（来源：杨浦滨江公共空间（上海第十二棉纺织厂段）/ 大观景观 [EB/OL].(2022-07-12)[2022-12-05].https://www.gooood.cn/yangpu-riverside-public-space-shanghai-no-12-cotton-mill-by-da-landscape.htm.）

第 108 页　重庆长滨"两江四岸"东水门大桥至储奇门码头段三级平台空间（来源：重庆长滨－"两江四岸"东水门大桥至储奇门码头段 / 中冶赛迪 [EB/OL].[2022-07-12].https://www.gooood.cn/chongqing-changbin-by-cisdi.htm）

第 108 页　上海闵行横泾港东岸滨水景观公共空间改造（来源：上海闵行横泾港东岸滨水景观公 [EB/OL].[2022-07-12].https://www.gooood.cn/minhang-riverfront-regeneration-spark.htm）

第 108 页　上海杨浦滨江公共空间二期设计（来源：杨浦滨江公共空间二期，大观景观设计 [EB/OL].(2019-05-16)[2022-12-05].https://www.sohu.com/a/314582733_656721.）

第 109 页　成都均隆滨河路围墙改造设计（来源："一线之园" － 成都均隆滨河路围墙改造设计，四川 / 广州微介创意设计有限公司 [EB/OL].(2020-04-07)[2022-12-05].https://www.gooood.cn/first-line-garden-chengdu-junlong-binhe-road-surrounding-wall-reconstruction-design-by-verge-creative-design.htm.）

第 109 页　北京北海公园夜间景观（来源：北海公园，中轴线文化遗产大讲堂 | 北京老城里的那些历史园林 [EB/OL].(2021-11-29)[2022-12-05].https://www.sohu.com/a/504156469_120005162.）

第6章

第110页　交通型绿色公共空间底图（来源：西直门车轨 [EB/OL].[2022-11-28].https://www.vcg.com/creative/1270626871）

第114页　法国马赛查尔斯火车站（来源：法国马赛圣查尔斯火车站站前广场景观 [EB/OL].(2014-02-19)[2022-11-28]. http://www.ccbuild.com/article-366803-1.html）

第114页　美国阿斯彭火车站文化引导（来源：阿斯彭火车站，维也纳 / Zechner & Zechner ZT GmbH[EB/OL].(2020-02-19)[2022-12-01].https://www.gooood.cn/train-station-aspern-vienna-by-zechner-zechner-zt-gmbh. htm）

第114页　法国阿维农 TGV 火车站停车场（来源：有哪些漂亮的火车站设计？ [EB/OL].(2015-09-21)[2022-12-01].https:// www.zhihu.com/question/35742979/answer/121475788）

第114页　嘉兴火车站文化引导（来源：全嘉兴锁定本周五！ 6 月 25 日！市区快速路、有轨电车和火车站全来了！ [EB/OL]. (2021-06-22)[2022-12-01].https://www.sohu.com/a/473415740_100176486）

第116页　宁波中山路（来源：宁波市中山路综合整治工程 / PFS Studio[EB/OL].(2021-08-26)[2022-12-11].https://www. gooood.cn/department-for-comprehensive-redevelopment-zhongshan-road-ningbo-pfs-studio.htm）

第116页　郴州燕泉路交通岛（来源：郴州到底有多美？燕泉广场的桃花出列！ [EB/OL].(2022-03-10)[2022-12-01].http:// news.sohu.com/a/528750111_121124604）

第116页　北京阜成门北大街（来源：邹宁 摄）

第116页　北京西二环（来源：王赛 摄）

第116页　北京复兴门内大街（来源：邹宁 摄）

第117页　北京广安门外大街（来源：王赛 摄）

第117页　北京雍和宫大街（来源：张佳楠 摄）

第118页　北京景山后街（来源：张佳楠 摄）

第118页　北京国子监大街（来源：张佳楠 摄）

第118页　北京亮果厂胡同（来源：张佳楠 摄）

第119页　北京鼓楼西大街（来源：千年斜街 - 北京鼓楼西大街三年复兴计划 / 北京市建筑设计研究院有限公司吴晨工作室 [EB/ OL].(2021-03-09)[2022-12-01].https://www.gooood.cn/designing-for-a-millennium-old-street-the-three-year-regeneration-plan-for-gulou-west-street-in-beijing-by-beijing-institute-of-architectural-design-group-co-ltd-wu-chen-architects.htm）

第126页　北京南锣鼓巷街道（来源：南锣鼓巷 [EB/OL].(2016-11-03)[2022-12-01].https://you.ctrip.com/sight/china110000/ 64955-dianping91002195.html）

第126页　北京三井胡同（来源：王赛 摄）

第126页　北京琉璃厂东街（来源：王赛 摄）

第126页　北京草厂八条胡同（来源：张超莹 摄）

第126页　 北京烟袋斜街（来源：北京什刹海烟袋斜街 [EB/OL].[2022-12-01].https://www.vcg.com/creative/11758 80233）

第126页　北京东交民巷（来源：北京东交民巷 [EB/OL].[2022-12-01].https://www.vcg.com/creative/1343750332）

第127页　巴西圣保罗城市中心 Minhocao 高架桥下空间（来源：高架桥景观规划，巴西圣保罗 / Triptyque[EB/OL].(2016-03-31)[2022-12-01].https://www.gooood.cn/triptyque-revitalizes-3km-of-urban-marquise-in-sao-paulo.htm）

第 128 页　深圳水围天桥（来源：深圳水围天桥 / 英国安托士建筑设计 [EB/OL].(2021-01-15)[2022-12-01].https://www.gooood.cn/shuiwei-pedestrian-bridge-in-shenzhen-atdesignoffice.htm）

第 128 页　以色利 Gdora 天桥（来源：Gdora 天桥，以色列 / BO Landscape Architecture[EB/OL].(2020-03-05)[2022-12-01].https://www.gooood.cn/the-gdora-bridge-by-bo-landscape-architecture.htm）

第 128 页　深圳"漂浮群岛"人行天桥（来源："漂浮群岛"- 人行天桥设计，深圳 / 坊城设计 [EB/OL].(2020-03-28)[2022-12-01].https://www.gooood.cn/floating-archipelago-pedestrian-bridge-design-shenzhen-fcha.htm）

第 7 章

第 129 页　居住区型绿色公共空间底图（来源：何心怡 摄）

第 133 页　北京茶儿胡同 8 号院（来源："微杂院"——茶儿胡同 8 号 Cha'er Hutong 8 [EB/OL].(2014-10-08)[2022-11-02].https://www.hisheji.com/project/space-type/archi-design/2014/10/08/4585）

第 133 页　北京郭沫若故居（来源：芳华远逝，这些隐藏在京城的名人故居，您去过哪几个？ [EB/OL].(2018-01-07)[2022-11-02].https://www.sohu.com/a/215231788_607959）

第 133 页　北京扭院儿（来源：扭院儿 – 北京四合院改造 / 建筑营设计工作室 [EB/OL].(2017-06-05)[2022-11-02].https://www.gooood.cn/twisting-courtyard-by-archstudio.htm）

第 133 页　北京西打磨厂街 220 号四合院（来源：北京 前门 [EB/OL].[2022-11-02].https://kkaa.co.jp/project/beijing-qianmen/）

第 134 页　北京的胡同营造（来源：BIM 建筑 | 胡同营造 / 介隐建筑 + 焕新空间设计 + 清筑建筑 [EB/OL].[2022-11-02].https://www.uibim.com/208361.html）

第 134 页　时光碎片——北京青云胡同里的戏剧天地（来源：胡同里的戏剧天地 Chinese Opera Base in the Hutong [EB/OL].[2022-11-02].http://www.origin-architect.com/html/yjc/2835.html）

第 134 页　北京七舍合院（来源：七舍合院 [EB/OL].[2022-11-02].http://www.archstudio.cn/works/detail/1270925893472096256）

第 135 页　北京青云胡同 23-29 号院（来源：胡同里的戏剧天地 Chinese Opera Base in the Hutong [EB/OL].[2022-11-02].http://www.origin-architect.com/html/yjc/2835.html）

第 135 页　北京草园（来源：草园，胡同里的白色茶室，北京 / 介介工作室 [EB/OL].(2018-04-16)[2022-11-02].https://www.gooood.cn/grass-garden-by-jiejie-studio.htm）

第 135 页　北京茶儿胡同 8 号院（来源："微杂院"——茶儿胡同 8 号 Cha'er Hutong 8 [EB/OL].(2014-10-08)[2022-11-02].https://www.hisheji.com/project/space-type/archi-design/2014/10/08/4585）

第 138 页　北京大耳胡同（来源：陈颖 摄）

第 138 页　北京方家胡同（来源：信步辑第八期 - 方家胡同 8 家设计公司大串烧 [EB/OL].(2016-06-13)[2022-11-02].https://www.gooood.cn/ramble-8-8-office-in-fangjia-hutong-46-1.htm）

第 138 页　北京草厂七条胡同（来源：陈颖 摄）

第 138 页　北京炭儿胡同（来源：陈颖 摄）

第 140 页　北京东直门街道平房院落（来源：米夏原 摄）

第 140 页　北京东四街道平房院落（来源：陈颖 摄）

第 140 页　北京北新桥街道平房院落（来源：王赛 摄）

第 141 页　招幌制作文创设计（来源：白塔寺街区更新：如何在胡同里体面地生活？[EB/OL].(2019-12-04)[2022-11-02]. http://news.sina.com.cn/o/2019-12-04/doc-iihnzhfz3517123.shtml）

第 141 页　"朝花夕拾"旧物改造（来源：白塔寺街区会客厅丨白塔寺：一个建筑人类学的微观案例 [EB/OL].(2019-08-08) [2022-11-02].https://mp.weixin.qq.com/s/FOiaT8xlk_k58T-jUGwNTw）

第 143 页　北京天坛街道永内东街东小区（来源：北京东城官方发布．全区 18 个已开工项目力争年底前全部改造完成 [EB/ OL].（2021.08.27）[2022.11.03]. http://www.bjdch.gov.cn/n1515644/n5685672/n5685692/c10992582/content. html）

第 143 页　北京栅栏街道厂甸 11 号院（来源：广东省住房和城乡建设厅．老旧空间如何重焕生机？一文了解"小空间大生活"试点项目 [EB/OL].（2021.07.25）[2022.11.03].http://zfcxjst.gd.gov.cn/zwzt/ljxqgz/gzal/content/post_3367984. html）

第 144 页　北京大栅栏街道厂甸 11 号院（来源：广东省住房和城乡建设厅．老旧空间如何重焕生机？一文了解"小空间大生活"试点项目 [EB/OL].（2021.07.25）

第 144 页　北京天坛东里小区（来源：孟雪 摄）

第 144 页　北京新街口街道玉桃园三区（来源：北京规划自然资源．老旧空间如何重焕生机？一文了解"小空间大生活"试点项目 [EB/OL].（2021.07.25））

第 144 页　北京新居东里小区（来源：北京西城官方发布．广外新居东里 1、2、3 号楼完成改造，楼院焕新颜，居民露笑脸 [EB/ OL].（2021.07.25））

第 144 页　北京文兴东街 3 号院 （来源：郑灼 摄）

第 144 页　北京光明社区（来源：何心怡 摄）

第 144 页　北京古城南路社区 （来源：新丰台．丰台这个老旧小区引来"合伙人"！[EB/OL].（2021.07.25））

第 144 页　北京三庙社区花园（来源：广内街道三庙社区花园 / 北京西城区广内街道、三庙社区与北京林业大学古城绿意团队 [EB/ OL].（2020.08.04）[2022.11.03]. http://bj.wenming.cn/xc/ wmbb/202008/t20200805_5741061.shtml）

第 144 页　北京北新桥街道民安小区（来源：北京规划自然资源．老旧空间如何重焕生机？一文了解"小空间大生活"试点项目 [EB/ OL].（2021.07.25）

第 145 页　北京广内三庙小区（来源：广内街道三庙社区花园 / 北京西城区广内街道、三庙社区与北京林业大学古城绿意团队 [EB/ OL].（2020.08.04）[2022.11.03]. http://bj.wenming.cn/xc/ wmbb/202008/t20200805_5741061.shtml）

第 8 章

第 146 页　其他类型绿色公共空间底图（来源：严格格 摄）

第 149 页　杭州奥体万科中心（来源：杭州奥体万科中心 /LWK+PARTNERS[EB/OL].[2022.11.03].https://www.gooood.cn/ aoti-vanke-centre-lwk-partners.htm）

第 149 页　北京金融街中心广场（来源：严格格 摄）

第 150 页　杭州奥体万科中心（来源：杭州奥体万科中 /LWK+PARTNERS[EB/OL].[2022.11.03].https://www.gooood.cn/ aoti-vanke-centre-lwk-partners.htm）

第 150 页　上海新天地（来源：2021 新天地设计节中的六件艺术装置 [EB/OL]. [2022.11.03]. https://www.gooood.cn/ installations-for-xintiandi-design-festival-in-design-shanghai-2021.htm）

第 152 页　北京中关村高端医疗器械产业园（来源：中关村高端医疗器械产业园 / 华通设计顾问工程有限公司 [EB/OL].（2016.07）

[2022.11.03]. https://www.gooood.cn/zhongguancun-high-endmedical-apparatus-and-instruments-industry-park-wdce.htm）

第 152 页　河北衡水格雷服装产业园（来源：格雷服装创意产业园 / 阿普贝思（UP+S）[EB/OL].[2022.11.03]. https://www.yuanlin8.com/landscape/1579.html）

第 153 页　中国宝武钢铁会博中心（来源：中国宝武钢铁会博中心 / EDGE 一 界设计 [EB/OL].（2020.12）[2022.11.03]. https://www.gooood.cn/china-baowu-steel-conference-andexhibition-center-by-edge-design-x-cisdi.htm）

第 153 页　河北衡水格雷服装产业园（来源：格雷服装创意产业园 / 阿普贝思（UP+S）[EB/OL].[2022.11.03]. https://www.yuanlin8.com/landscape/1579.html）

第 9 章

第 156 页　实施策略底图（来源：孟雪 摄）

附录

第 161 页　附录底图（来源：郑灼 摄）

作者简介　About the Contributors

主要作者
Main Authors

王思元
北京林业大学副教授

李运远
北京林业大学教授

李瑞生
北京市园林绿化规划和资
源监测中心副主任

王畅
北京林业大学博士研究生

其他供稿人（按姓名笔画排序）
Other contributors

王丽红　　　　王晨灏　　　　王赛　　　　刘璇

米夏原　　　　严格格　　　　李绍芃　　　　何心怡

谷文垚　　　　邹宁　　　　宋淑晴

顾问
Consultants

刘祖进
北京市园林绿化规划和资源
监测中心主任

韦艳葵
北京市园林绿化规划和资源
监测中心正高级工程师

康瑶瑶
北京市园林绿化规划和资源
监测中心高级工程师

其他供稿人（按姓名笔画排序）
Other contributors

张子涵

张佳楠

张超莹

陈颖

郑灼

孟雪

侯岳

秦琦

徐阳洋

徐芯蕾

曹飞威

图书在版编目（CIP）数据

城市绿色公共空间更新策略 = Renewal Strategy of
Urban Green Public Space / 王思元等著 . —北京：
中国建筑工业出版社，2023.11
（城市设计与微更新策略实践丛书）
ISBN 978-7-112-29214-1

Ⅰ.①城…　Ⅱ.①王…　Ⅲ.①城市规划—绿化规划—
研究—中国　Ⅳ.① TU985

中国国家版本馆CIP数据核字（2023）第184694号

责任编辑：杜　洁　李玲洁
责任校对：王　烨

城市设计与微更新策略实践丛书
城市绿色公共空间更新策略
Renewal Strategy of Urban Green Public Space
王思元　李运远　李瑞生　王　畅　著
＊
中国建筑工业出版社出版、发行（北京海淀三里河路 9 号）
各地新华书店、建筑书店经销
北京海视强森文化传媒有限公司制版
天津裕同印刷有限公司印刷
＊
开本：880 毫米 ×1230 毫米　1/16　印张：13　字数：369 千字
2023 年 12 月第一版　2023 年 12 月第一次印刷
定价：**138.00** 元
ISBN 978-7-112-29214-1
（41931）